KB246658

촉촉한
파운드케이크
레시피

와카야마 요코

POUND GATA HITOTSU DE TSUKURU TAKUSAN NO CAKE
© YOKO WAKAYAMA 2009
Originally published in Japan in 2009 by SHUFU TO SEIKATSU SHA Co., Ltd., TOKYO,
Korean translation rights arranged with SHUFU TO SEIKATSU SHA Co., Ltd., TOKYO,
through TOHAN CORPORATION, TOKYO, and Eric Yang Agency, SEOUL.

COOKING ASSISTANT : CHIE KOSUGE
ART DIRECTION : YOSHIE KAWAMURA(otome-graph.)
PHOTOGRAPHY : WAKANA BABA
STYLING : TETSUKO MICHIHIRO
REVIEW : K • I • A
EDITING : SHINICHI ODA(Shufu-to-seikatsu-sha)

이 책의 한국어판 저작권은 EYA(Eric Yang Agency)를 통한 SHUFU TO SEIKATSU SHA와의 독점계약으로
(주)북핀이 소유합니다.
저작권법에 의하여 한국 내에서 보호를 받는 저작물이므로 무단전재 및 복제를 금합니다.

촉촉한
파운드케이크
레시피

와카야마 요코

파운드 틀 하나로 완성하는 다양한 케이크

52

북핀

과자를 만드는 그리운 풍경

밀가루, 설탕, 달걀, 버터. 대부분 과자는 이 네 가지 재료로 만들어집니다. 그중에서도 파운드케이크는 이 네 가지 재료를 같은 양씩 넣는 매우 심플한 배합의 케이크입니다. 각각 1파운드씩 들어가기 때문에 영어로는 파운드케이크POUND CAKE, 1/4씩 들어가기 때문에 프랑스어로는 카트르 카르QUATRE QUARTS라고 불리지요.

이런 단순함 덕분에 파운드케이크는 여러 나라에서 오랫동안 사랑받아 왔습니다. 배합하기도 쉽고 초보자가 만들어도 맛있다는 점은 집에서 과자를 즐겨 만드는 사람에겐 최상의 장점이니까요. 아마 핸드믹서는 물론 제대로 된 저울조차 없던 시절부터 친숙했던 레시피일 것입니다. 재료가 모두 같은 양이라면 디지털 저울이 없더라도 천칭에 걸면 알 수 있으니까요. 영국이나 프랑스의 어머니들은 눈대중으로 대충 계량해서 커다란 나무 스푼으로 재료를 섞어 가족들을 위해 케이크를 만들어온 것이 아닐까 하고 마음대로 상상해봅니다. 다른 케이크보다는 조금 편하게, 약간은 대충 만드는 케이크지만 왠지 모를 푸근함이 느껴져요. 과자 만드는 그 옛날의 그리운 풍경이 파운드케이크에는 있는 것 같습니다.

그리고 이것도 상상이지만, 밀가루, 설탕, 달걀, 버터로 만든 모든 과자는 카트르 카르(1:1:1:1 배합)의 변형이 아닐까요? 카트르 카르에서 더하고 빼기를 반복하고, 시행착오 끝에 만들어진 다양한 배합과 반죽이 지금의 과자의 원형이라고 생각합니다. 예를 들어 설탕을 줄이고 버터를 확 줄이면 스펀지케이크의 배합이 되지요.

이 책에는 파운드케이크 외에 치즈 케이크, 퐁당 쇼콜라 등 파운드 틀로 만들 수 있는 다양한 케이크도 실었습니다. 또 같은 파운드케이크여도 안에 들어가는 재료, 파우더 등에 따라 미묘하게 각각의 배합을 바꾸고 있습니다. 기본이 카트르 카르(1:1:1:1 배합)이기 때문에 이 레시피는 왜 밀가루가 많은지, 왜 설탕이 적은지 그 이유를 바로 알 수 있을 거예요.

책의 레시피를 참고해 케이크를 몇 개 만들다 보면 맛있게 응용할 수 있는 요령이 생길 것입니다. 그러면 책에 있는 52가지 레시피 외에도 다양한 케이크를 자신 있게 만들 수 있게 될 거예요. 어쩌면 당신만의 오리지널 케이크를 만들지도 모릅니다. 이를 위해 파운드 틀과 함께 이 책을 즐겨주시길 바랍니다.

와카야마 요코

1 CHAPTER

클래식 파운드케이크

2
CHAPTER

폭신폭신 파운드케이크

3
CHAPTER

밥 대신 먹을 수 있는 케이크 살레

4
CHAPTER

파운드 틀로 만들 수 있는 다양한 케이크

책의 구성

이 책은 기본 레시피 + 응용 레시피 구성으로 이루어져 있습니다.
해당 챕터의 기본 레시피만 제대로 익히면 약간의 응용만으로 다양한 파운드케이크를 완성할 수 있습니다.

CHAPTER 1 클래식 파운드케이크

기본 레시피

+

응용 레시피

질리지 않는 촉촉한 식감의 클래식 파운드케이크 기본 레시피입니다. 만드는 방법을 6단계로 STEP화하여 정리했습니다. 기본 레시피는 응용 레시피의 기본이 되므로 완벽하게 익히세요.

기본 레시피에 말린 과일을 넣거나 가루를 바꾸는 등 약간만 응용하면 다양한 케이크를 만들 수 있습니다. CHAPTER 1에서는 19가지 응용 레시피를 소개합니다.

CHAPTER 2 폭신폭신 파운드케이크

기본 레시피

+

응용 레시피

스펀지케이크처럼 부드러운 식감의 폭신폭신 파운드케이크 기본 레시피입니다. 만드는 방법을 6단계로 STEP화하여 정리했습니다. 기본 레시피는 응용 레시피의 기본이 되므로 완벽하게 익히세요.

기본 레시피에 상큼한 과일을 넣거나 반죽을 바꾸는 등 약간만 응용하면 다양한 케이크를 만들 수 있습니다. CHAPTER 2에서는 17가지 응용 레시피를 소개합니다.

3 CHAPTER 밥 대신 먹을 수 있는 케이크 살레

식사 대용으로 즐길 수 있는 케이크 살레 기본 레시피입니다. 만드는 방법을 6단계로 STEP화하여 정리했습니다. 기본 레시피는 응용 레시피의 기본이 되므로 완벽하게 익히세요.

기본 레시피에 다채로운 속 재료를 바꾸어 넣는 식으로 응용하면 다양한 케이크를 만들 수 있습니다. CHAPTER 3에서는 6가지 응용 레시피를 소개합니다.

4 CHAPTER 파운드 틀로 만들 수 있는 다양한 케이크

파운드 틀이라고 해서 파운드케이크만 만들어야 하는 건 아니랍니다. 케이크 빵, 치즈 케이크, 쇼트케이크, 퐁당 쇼콜라, 푸딩 등 파운드 틀로 만들 수 있는 7가지 다양한 케이크를 담았습니다.

응용 레시피는 기본 레시피의 6단계 STEP을 간단하게 변형, 추가하여 만든 레시피입니다. 응용 레시피의 케이크를 만들 때 아래의 사항을 참고해 주세요.

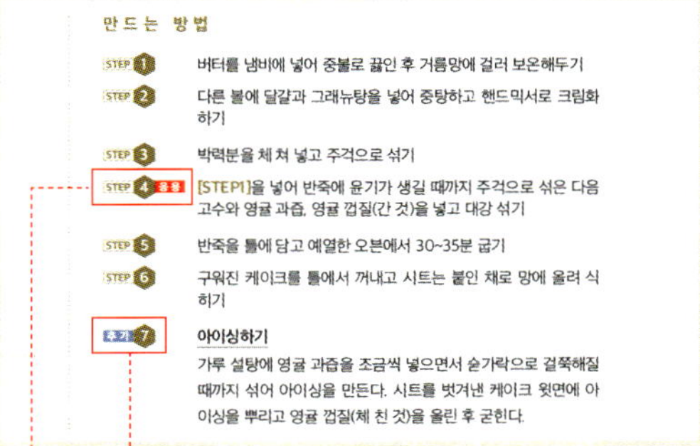
만드는 방법

STEP 1 버터를 냄비에 넣어 중불로 끓인 후 거름망에 걸러 보온해두기

STEP 2 다른 볼에 달걀과 그래뉴당을 넣어 중탕하고 핸드믹서로 크림화하기

STEP 3 박력분을 체 쳐 넣고 주걱으로 섞기

STEP 4 응용 [STEP1]을 넣어 반죽에 윤기가 생길 때까지 주걱으로 섞은 다음 고수와 영귤 과즙, 영귤 껍질(간 것)을 넣고 대강 섞기

STEP 5 반죽을 틀에 담고 예열한 오븐에서 30~35분 굽기

STEP 6 구워진 케이크를 틀에서 꺼내고 시트는 붙인 채로 망에 올려 식히기

추가 7 아이싱하기

가루 설탕에 영귤 과즙을 조금씩 넣으면서 숟가락으로 걸쭉해질 때까지 섞어 아이싱을 만든다. 시트를 벗겨낸 케이크 윗면에 아이싱을 뿌리고 영귤 껍질(체 친 것)을 올린 후 굳힌다.

과정이 추가된 경우

재료를 더하거나 과정이 변형된 경우

재료에 대하여

베이킹 기본 재료들입니다.
여유가 있다면 버터는 반드시 발효 버터를 사용해주세요. 풍미가 완전히 다릅니다.

그래뉴당
달걀
버터
박력분
베이킹파우더

그래뉴당

그래뉴당은 순도가 높은 설탕으로, 없을 경우 백설탕을 사용하면 됩니다. 저는 제과용 미립자(작은 알갱이) 타입을 사용하고 있습니다만, 알갱이가 거친 것이어도 문제없습니다. 그 외 이 책에서는 브라운슈거, 흑설탕, 꿀도 사용했습니다.

버터

무염 발효 버터를 사용합니다. 저는 '칼피스 버터'를 사용했어요. 파운드케이크는 '버터케이크'라고 부를 정도로 버터의 맛과 질이 중요합니다. 버터의 감칠맛과 향, 은은한 산미가 케이크를 가볍게 완성해 주거든요. 사용 전에는 실온에 두어 손가락이 쑥 들어갈 정도로 부드럽게 해두세요.

달걀

중간 사이즈의 신선한 달걀을 사용하고, 1개당 알맹이 50g으로 계산합니다. 사용하기 전에는 실온에 두고, 흰자를 자르듯 풀어 섞어두세요. 원래 파운드케이크에서는 밀가루, 설탕, 버터, 그리고 달걀을 같은 양으로 사용해야 하지만, 정확하게 100g을 재고 나머지는 남기는 것이 애매해서 중간 사이즈 2개를 기준으로 했습니다. 궁금하신 분들은 한 번 정확한 양을 재서 만들어보세요. 하지만 일상에서 먹을 때 그 정도 오차는 문제가 되지 않을 것으로 생각합니다.

달걀을 풀 때는 포크가 제일 편해요. 작은 볼에 달걀을 깨서 넣고, 흰자와 노른자가 합쳐질 때까지 포크 끝으로 흰자를 자르듯 풀어주세요.

박력분

박력분은 베이킹에서 빠질 수 없는 재료입니다. 단백질 함량이 비교적 적어 부드러운 식감의 케이크를 만들 수 있어요. 하지만 섞는 동안 '글루텐'이라는 성분이 나와 반죽에 점성이 생기기 때문에 어떤 과자나 빵을 만들더라도 지나치게 섞으면 안 됩니다.

베이킹파우더

백반을 사용하지 않은 '알루미늄 프리' 제품을 사용했습니다. 무거운 반죽도 제대로 부풀어 오르게 합니다. 정확하게 계량하는 편이 좋지만 작은술로 계량한 기준도 함께 적었습니다. Chap. 2, 4에서는 사용하지 않은 레시피도 있습니다.

도구에 대하여

베이킹 기본 도구들입니다.
이 책의 주인공인 파운드 틀은 프랑스 매트퍼Matfer 사의 제품으로 모양이 아름답고, 색이 예쁘게 구워집니다.

볼
스테인레스제입니다. 반죽을 만들 큰 볼은 지름 24cm 정도면 충분합니다. 그 외에 재료를 넣어두거나 버터나 초콜릿을 중탕할 용으로 작은 볼이 몇 개 있으면 좋습니다 전자레인지에 돌릴 때는 내열유리 볼을 사용합니다.

고무 주걱
내열성의 실리콘 주걱을 사용했습니다. 적당히 휘어져 반죽을 섞기 쉽습니다. 주걱 끝부분뿐만 아니라 면을 사용해 볼의 바닥부터 제대로 반죽 전체를 골고루 섞어주세요.

거품기
스테인레스제입니다. 실리콘제는 손질하기 쉽지만, 달걀이나 반죽에 가해지는 힘이 약하기 때문에 추천하지 않습니다. 가능한 와이어 수가 많은 것이 좋습니다. 볼의 크기에 맞춰 여러 종류의 크기를 준비해두면 편리합니다.

핸드믹서
기종에 따라 강도에 꽤 차이가 있습니다. 기본 레시피에서 섞는 시간을 표준을 정해 써두었지만 기종에 따라 반죽의 상태를 봐가며 판단해주세요. 섞을 때는 핸드믹서를 크게 움직이며 전체를 확실히 섞습니다.

만능 체
밀가루를 체 치거나 액체를 거를 때 사용하는 만능 체입니다. 볼의 가장자리에 걸 수 있는 유형이 편리합니다. 밀가루를 체에 넣고 차분하게 통통 칩니다. 확실히 체 쳐서 뭉치지 않도록 해주세요. 밀가루를 체 치는 작업은 이 책의 대부분의 레시피에 포함되어 있습니다.

파운드 틀
매트퍼(Matfer) 사의 '파운드 틀 18cm(주석 도금 제품)'를 사용했으며 재료 분량도 틀의 사이즈에 따릅니다. 사이즈는 가로 18cm, 세로 7cm, 높이 6.5cm입니다. 같은 사이즈에서 높이만 1.5cm 더 높은 '케이크 드루아Droit 틀'도 인기가 좋은 제품입니다.

파운드 틀 사이즈별 재료의 양과 굽는 시간 기준

		18cm 파운드 틀 (가로 18×세로 7×높이 6.5cm) ＊이 책에서 사용	12cm 파운드 틀 (가로 12×세로 5.5×높이 5cm)	18cm 케이크 드루아 Droit 틀 (가로 18×세로 8×높이 8cm)	22cm 파운드 틀 (가로 22×세로 8.5×높이 7.5cm)
Chap 1. 클래식 파운드케이크	버터	100g	50g	150g	200g
	그래뉴당	100g	50g	150g	200g
	달걀	2개(약 100g)	1개(약 50g)	3개(약 150g)	4개(약 200g)
	박력분	100g	50g	150g	200g
	베이킹파우더	3g(약 1/2작은술)	1g(약 1/4작은술보다 적게)	4.5g(약 1작은술보다 적게)	5g(약 1작은술)
	그 외 재료	-	약 0.5배	약 1.5배	약 2배
	굽기 시간	약 40분	25~30분	약 45분	55~60분
Chap 2. 폭신폭신 파운드케이크	버터	90g	50g	135g	135g
	달걀	2개(약 100g)	1개(약 50g)	3개(약 150g)	3개(약 150g)
	그래뉴당	80g	40g	120g	120g
	박력분	80g	40g	120g	120g
	그 외 재료	-	약 0.5배	약 1.5배	약 1.5배
	굽기 시간	약 40분	20~25분	30~35분	30~35분
Chap 3. 케이크 살레	우유	50cc	25cc	75cc	90cc
	샐러드유	70cc	35cc	105cc	125cc
	달걀	2개(약 100g)	1개(약 50g)	3개(약 150g)	큰 것 3개(약 180g)
	박력분	100g	50g	150g	180g
	베이킹파우더	3g(약 1/2작은술)	1.5g(약 1/4작은술)	4g(약 1작은술보다 적게)	5g(약 1작은술)
	가루치즈	40g	20g	60g	70g
	소금	2g(약 1/4작은술)	1g(약 1/8작은술)	3g(약 1/2작은술보다 적게)	4g(약 1작은술보다 적게)
	그 외 재료	-	약 0.5배	약 1.5배	약 1.8배
	굽기 시간	약 40분	20~25분	30~35분	30~35분
Chap 4. 다양한 케이크	모든 재료	-	약 0.5배	약 1.5배	약 2배

＊각 장의 기본 레시피를 토대로 산출해 낸 숫자입니다. 레시피에 따라서 배합을 미묘하게 조절하는 재료도 있으므로 그 경우는 '그 외 재료'에 표시된 배율에 따라 조절합니다.

＊'그 외 재료'는 표시된 배율에 따라 상태를 보며 증감해주세요.

＊18cm 파운드 틀보다 작은 틀로 만들 때는 섞는 횟수를 줄이고, 큰 틀로 만들 때는 횟수를 늘리는 식으로 조절해주세요.

＊Chap 4. '파운드 틀로 만들 수 있는 다양한 케이크'의 굽는 시간은 레시피에 따라 다릅니다. 틀의 크기에 따라 레시피에서 5분 단위로 증감시켜 조절해주세요.

베이킹을 시작하기 전에 꼭 알아두세요!

＊ 이 책의 레시피에 쓰이는 파운드 틀은 따로 설명하지 않는 한 가로(18cm) × 세로(7cm) × 높이(6.5cm)의 파운드 틀 한 대분입니다. 다른 사이즈로 만들 경우 왼쪽 표를 참조해주세요.

＊ 1작은술은 5cc, 1큰술은 15cc, 1cc는 1mL입니다.

＊ 전자레인지는 600W 제품을 사용했습니다. 500W인 경우는 가열시간을 1.2배, 700W인 경우는 0.8배로 해주세요.

＊ 오븐의 굽는 시간과 온도는 표준으로 맞추었습니다. 기종에 따라 다르므로 레시피의 지시를 참고하면서 상태를 보며 구워주세요.

1

CHAPTER

클래식
파운드케이크

밀가루, 버터, 달걀, 설탕을 1파운드(Pound)씩 넣어 만든다고
파운드케이크(Pound cake)라고 불리기 시작했어요. 프랑스어로는
각 재료가 4분의 1씩 배합되어 있다는 뜻에서 Quatre quarts(카트르 카르)라고 불리지요.
가장 단순하면서도 완벽한 배합을 지닌 이 케이크는 아무리 만들어 먹어도,
언제 만들어 먹어도 질리지 않는 맛이에요. 촉촉한 식감과 시간이 지날수록
배어드는 맛을 지닌 20종의 파운드케이크를 준비해보았어요.

클래식 파운드케이크

기본 레시피

클래식 파운드케이크 기본 레시피

반죽의 식감과 풍미가 가장 잘 드러나면서 만들기도 쉬운 클래식 파운드케이크의 기본 레시피입니다. 이 반죽의 포인트는 버터의 거품 내기예요. 여기에서 확실히 공기를 넣어두면 실패할 일이 없습니다. 이후의 응용 레시피는 기본 레시피를 토대로 일부 과정이 가감되므로 기본 레시피의 미리 준비하기와 만드는 방법을 꼼꼼하게 읽어 주세요.

재 료

◈ **버터 100g**
◈ **그래뉴당 100g**
◈ **달걀 2개(약 100g)**
◈ **박력분 100g**
◈ **베이킹파우더 3g(약 1/2작은술)**

* 미리 제대로 계량한 후 시작합니다. 그래야 다음 작업이 수월하고 실패할 일도 적어져요.

세로로 부풀어 올라 반죽의 결이 촘촘하게 구워져요.

미 리 준 비 하 기

버터는 실온에 두어 부드럽게 한다.

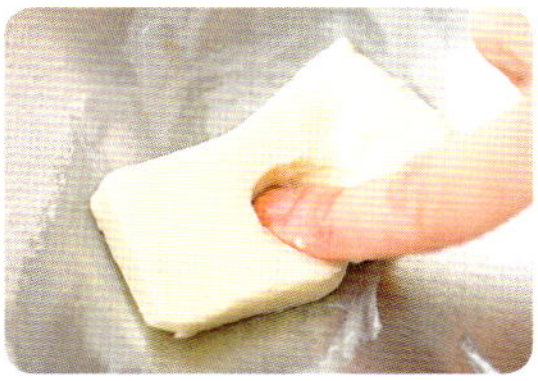

▷ 여름철에는 30분, 겨울철에는 1시간 정도 전에 꺼내서 부드럽게 만들어 주세요.

▷ 손가락으로 눌렀을 때 쑥 들어갈 정도면 됩니다. 버터가 너무 딱딱하면 섞기 힘들고, 또 너무 부드러우면 반죽이 쉽게 분리돼요.

▷ 전자레인지에 돌리는 건 추천하지 않습니다. 버터의 풍미가 날아가요.

달걀은 실온에 두고 풀어둔다.

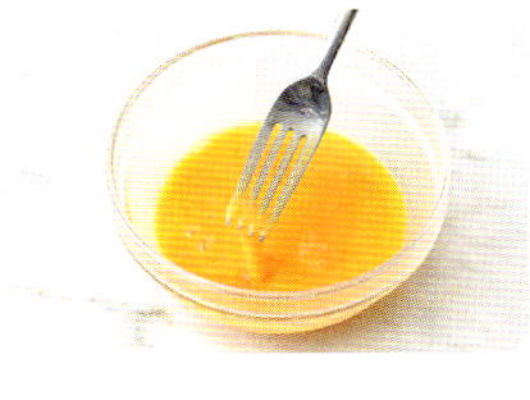

▷ 여름철에는 30분, 겨울철에는 1시간 정도 전에 꺼내두세요. 차가우면 잘 섞이지 않아요.

▷ 작은 볼에 넣어 포크로 흰자를 자르면서 풀어주되, 거품이 나지 않도록 주의해 주세요.

파운드 틀에 오븐 시트를 깐다.

▷ 오븐 시트는 틀에 맞춰 접선을 만들고 사진과 같이 네 군데에 가위집을 넣어 틀에 깔아 넣습니다.

▷ 이 반죽은 구워도 그렇게 높이가 높아지지 않으므로 오븐 시트의 높이는 틀 높이 정도로 맞추면 됩니다.

오븐은 180℃로 예열한다.

▷ 오븐 예열은 일반적으로 굽기 10~15분 전에 시작합니다. 저는 [STEP3] 쯤에서 예열을 시작했어요.

만드는 방법

STEP 1 볼에 버터와 그래뉴당을 넣어 핸드믹서로 크림화하기

- 핸드믹서를 고속으로 설정하여 3~4분 정도, 버터가 공기를 충분히 머금어 하얗게 될 때까지 섞어주세요. 볼 안에서 크게 움직여 전체에 균일하게 거품을 내주세요.
- 볼의 측면에 튄 반죽은 주걱 등으로 정리하면서 함께 섞어주세요.
- 설탕류는 이 단계에서 완전히 녹여 섞습니다. [STEP2]에서 달걀을 넣기 전에 벌꿀이나 피넛 버터 등 다른 액상 재료를 넣는 경우도 있습니다.

STEP 2 달걀을 나누어 넣어가며 거품기로 섞기

- 달걀은 번거롭더라도 10번 정도 나누어 넣어주세요. 조금씩 나누어 섞어야 분리되지 않고 잘 섞입니다. 한 번 넣는 양은 오른쪽 사진을 참고하세요.

- 달걀을 섞는 과정에서 반죽이 분리된다면 [STEP3]의 가루 1/3 분량을 체 쳐 넣고 섞습니다. 수분이 가루에 흡수되어 한 덩어리가 돼요.
- 반죽은 잘 섞어서 작은 모가 생긴 듯한 상태가 되게 해주세요.

STEP 3 박력분과 베이킹파우더를 체 쳐 넣고 거품기로 섞기

- 가루는 합쳐서 전체에 골고루 체 쳐 넣습니다.
- 응용 레시피에서 추가되는 다른 가루 종류는 이 단계에서 함께 체 칩니다.
- 주걱보다 거품기로 섞는 것이 좀 더 빠르기도 하고 잘 뭉치지 않으며 반죽도 잘 부풀어 오릅니다. 볼 안에서 크게 천천히 빙글빙글 돌려가며 하얀 가루가 보이지 않을 때까지 섞어주세요.

STEP 4 반죽에 윤기가 생길 때까지 주걱으로 전체를 섞기

- 응용 레시피에서 추가되는 말린 과일 등의 고형 재료는 이 단계에 넣어 섞습니다. 반죽 전체에 골고루 퍼지게 해주세요.
- 한손으로 볼을 돌리면서 주걱으로 바닥부터 크게 떠서 뒤집어 올리듯 전체를 확실히 섞어주세요. 글루텐이 약간 생기더라도 [STEP1]에서 제대로 공기를 넣어두었다면 괜찮아요.
- 반죽이 윤기가 나고 찰기가 생기도록 섞어주세요.

STEP 5 반죽을 틀에 담고 예열한 오븐에서 40분 굽기

- 반죽의 양은 틀 높이의 80% 정도 채우는 것이 적당합니다.
- 반죽의 표면을 주걱으로 평평하게 해주세요.
- 틀은 오븐판 중앙에 놓습니다.
- 예열한 오븐의 문을 열면 재빨리 판을 넣어주세요. 느긋하게 열거나 자주 여닫으면 오븐 안의 온도가 내려가요.

STEP 6 구워진 케이크를 틀째로 망에 올려 식히기

- 부풀어 오른 부분을 손가락으로 눌렀을 때 탄력이 느껴지고, 갈라진 부분이 충분히 건조하다면 잘 구워진 상태입니다. 덜 구워진 것 같으면 상태를 보며 5분 간격으로 더 구워주세요.
- 촉촉함이 날아가지 않도록 틀째로 식힙니다. 갓 구워져 나왔을 때 먹는 것보다 열기가 가셨을 때 먹는 것을 추천해요.
- 식으면 랩을 씌워 밀폐용기에 상온 보관합니다. 재료에 따라 다르지만 보통 맛이 배어든 3~5일 후가 맛있고, 일주일(더운 계절에는 3~4일)까지 보존 가능합니다. 어쩔 수 없이 냉장 보관해야 한다면 가능한 빨리 드시는 것이 좋아요. 수분이 날아가 퍼석퍼석해지기 때문입니다. 냉장 보관했던 것을 꺼내 먹을 때는 상온에 얼마간 두었다가 먹습니다.

클래식 파운드케이크

응용 레시피

기본 레시피에 약간의 변화를 주기만 해도 전혀 다른 케이크가 만들어집니다.
간단한 8가지 응용법으로 19종의 다양한 파운드케이크를 만들어 봅시다.

1. 말린 과일을 넣다
2. 반죽의 풍미를 바꾸다
3. 가루를 바꾸다
4. 두 종류의 반죽을 합치다
5. 어른의 맛을 느끼다
6. 시판용 과자를 넣다
7. 통조림을 넣다
8. 과일을 넣다

드라이 망고 + 오렌지

1
응용 레시피

말린 과일을 넣다

말린 과일은 파운드케이크를 만들 때 빠질 수 없는 재료예요.
건포도나 말린 무화과, 오렌지 필을 넣어도 맛있지만
여기에서는 조금 새로운 맛을 제안할게요.

드라이 망고 + 오렌지

드라이 망고, 오렌지 주스, 코코넛으로 남국 스타일의 케이크를 만들어 보세요.
달콤하면서도 뒷맛은 깔끔한 이 케이크는 언제라도 질리지 않고 먹을 수 있을 것 같아요.

재료

- **버터 100g**
- **그래뉴당 100g**
- **달걀 2개(약 100g)**
- **박력분 100g**
- **베이킹파우더 3g(약 1/2작은술)**
- **드라이 망고 100g**
- **오렌지주스(과즙 100%) 25cc**
- **코코넛롱 10g**

미리 준비하기

- 버터는 실온에 두어 부드럽게 한다.
- 달걀은 실온에 두고 풀어둔다.
- 드라이 망고는 5mm 두께로 썰어서 오렌지 주스에 10분 정도 담가 불린다. 체에 옮겨 물기를 뺀다.
- 파운드 틀에 오븐 시트를 깐다.
- 오븐은 180℃로 예열한다.

만드는 방법

STEP 1 볼에 버터와 그래뉴당을 넣어 핸드믹서로 크림화하기

STEP 2 달걀을 나누어 넣어가며 거품기로 섞기

STEP 3 박력분과 베이킹파우더를 체 쳐 넣고 거품기로 섞기

STEP 4 응용 드라이 망고를 넣어 반죽에 윤기가 생길 때까지 주걱으로 전체를 섞기

STEP 5 응용 반죽을 틀에 담고 코코넛롱을 뿌린 후 예열한 오븐에서 40분 굽기

STEP 6 구워진 케이크를 틀째로 망에 올려 식히기

* 드라이 망고는 7D 드라이 망고 등 시중에 파는 것을 사용하면 됩니다.
* 코코넛롱은 야자나무의 과육을 잘라 건조시켜 막대 모양으로 자른 재료입니다. 제과 재료점 등에서 구입할 수 있습니다. 없어도 상관없어요.

4

크랜베리 + 화이트 초콜릿

② 크랜베리 + 화이트 초콜릿

크린베리와 화이트 초콜릿의 조합을 즐겨보세요.
레몬의 상큼한 산미로 크랜베리의 달콤함을 더욱더 끌어올렸어요.

재료

- 버터 100g
- 그래뉴당 70g
- 달걀 2개(약 100g)
- 박력분 100g
- 베이킹파우더 3g(약 1/2작은술)
- 레몬 껍질(간 것) 1/3개분
- 화이트 초코칩 40g
- 드라이 크랜베리 50g
- 피스타치오(껍질 없는 것) 2큰술(약 20g)

미리 준비하기

- 버터는 실온에 두어 부드럽게 한다.
- 달걀은 실온에 두고 풀어둔다.
- 드라이 크랜베리는 뜨거운 물(분량 외)을 부어 표면의 기름기를 제거하고(ⓐ), 물기를 없앤 후 잘게 썬다.
- 피스타치오는 굵게 썬다.
- 파운드 틀에 오븐 시트를 깐다.
- 오븐은 180℃로 예열한다.

ⓐ

드라이 크랜베리를 체에 올린 후 아래에 볼을 두고 뜨거운 물을 붓는다. 물에 한 번 담갔다가 물기를 뺀다.

만드는 방법

STEP 1 볼에 버터와 그래뉴당을 넣어 핸드믹서로 크림화하기

STEP 2 달걀을 나누어 넣어가며 거품기로 섞기

STEP 3 응용 박력분과 베이킹파우더를 체 쳐 넣고 레몬 껍질을 추가한 후 거품기로 섞기

STEP 4 응용 화이트 초코칩과 드라이 크랜베리, 피스타치오를 넣어 반죽에 윤기가 생길 때까지 주걱으로 전체를 섞기

STEP 5 반죽을 틀에 담고 예열한 오븐에서 40분 굽기

STEP 6 구워진 케이크를 틀째로 망에 올려 식히기

* 초코칩이 들어가는 분량만큼 그래뉴당을 줄여 단맛을 조절했습니다.
* 레몬 껍질 대신 오렌지 껍질 1/4개분을 사용해도 좋습니다. 오렌지 껍질을 사용하면 오렌지 풍미가 느껴지는 반죽이 완성됩니다. 다른 감귤류를 사용해도 좋아요. 과일의 껍질을 사용하거나 과일을 껍질째 사용하는 경우는 가능한 껍질을 잘 씻어주세요.

③ 말린 감 + 호지차

말린 감과 호지차를 사용해서 일본 스타일의 케이크를 만들어보았어요.
말린 감은 '일본의 드라이프루트'라 불릴 정도로 일본에서 인기가 많은 재료예요.
호지차는 반죽에 넣어 향을 깊게 만들어주세요.

재료

- 버터 100g
- 그래뉴당 100g
- 달걀 2개(약 100g)
- 박력분 100g
- 베이킹파우더 3g(약 1/2작은술)
- 호지차(찻잎) 1작은술
- 말린 감 6개(약 150g)

미리 준비하기

- 버터는 실온에 두어 부드럽게 한다.
- 달걀은 실온에 두고 풀어둔다.
- 호지차는 믹서 등으로 분말 형태로 만든다. 시판용 호지차 파우더를 사용해도 된다.
- 말린 감은 1.5cm 두께로 썬다.
- 파운드 틀에 오븐 시트를 깐다.
- 오븐은 180℃로 예열한다.

만드는 방법

STEP 1 볼에 버터와 그래뉴당을 넣어 핸드믹서로 크림화하기

STEP 2 달걀을 나누어 넣어가며 거품기로 섞기

STEP 3 응용 박력분과 베이킹파우더, 호지차 파우더를 체 쳐 넣고 거품기로 섞기

STEP 4 응용 말린 감 2/3 양을 넣어 반죽에 윤기가 생길 때까지 주걱으로 전체를 섞기

STEP 5 응용 반죽을 틀에 담고 예열한 나머지 말린 감을 뿌린 후 오븐에서 40분 굽기

STEP 6 구워진 케이크를 틀째로 망에 올려 식히기

* 호지차는 녹차의 찻잎을 볶아서 만드는 차로, 쓰거나 떫지 않고 고소한 편이에요.
* 믹서나 푸드프로세서가 없다면 호지차를 랩으로 감싸 절굿공이 등으로 빻으면 분말 형태가 됩니다.
* 말린 감은 잘 가라앉기 때문에 반죽에 골고루 퍼지게 하기 위해서 **[STEP4]**와 **[STEP5]**에 나누어 넣었어요. 마지막에 손가락으로 살짝 누른 후 구워 주세요.

카페모카

2
응용 레시피

반죽의 풍미를 바꾸다

향신료 파우더나 커피, 캐러멜, 초콜릿 등을 넣어 반죽 자체에 향을 더해 보세요.
수분이 증가하면 가루류를 늘려 식감을 조절하는 것이 팁이에요.

1 카페모카

달콤쌉싸름한 카페모카를 파운드케이크로 만들어보았어요.
달달한 초콜릿에 씁쓸한 커피의 조합은 남녀노소 누구나 즐길 수 있는 맛이랍니다.

재료

◈ **버터 100g**
◈ **그래뉴당 75g**
◈ **달걀 2개(약 100g)**
◈ **박력분 120g**
◈ **베이킹파우더 3g(약 1/2작은술)**
◈ **시나몬 파우더 1/4작은술**
◈ **A**
- 우유 1큰술
- 인스턴트커피(과립) 2작은술

◈ **초코칩 50g**
◈ **아이싱**
- 버터 10g
- 브라운슈거 10g
- 플레인 요거트(무가당) 1작은술
- 가루 설탕 50g
- 인스턴트커피(과립) 한 꼬집

미리 준비하기

▷ 버터(아이싱 용도 포함)는 실온에 두어 부드럽게 한다.
▷ 달걀은 실온에 두고 풀어둔다.
▷ **A 만들기** 내열 볼에 우유를 넣고 전자레인지로 10초 정도 가열해 끓인다. 뜨거울 때 인스턴트커피를 넣고 녹여 섞는다.
▷ 파운드 틀에 오븐 시트를 깐다.
▷ 오븐은 180℃로 예열한다.

만드는 방법

STEP 1 볼에 버터와 그래뉴당을 넣어 핸드믹서로 크림화하기

STEP 2 달걀을 나누어 넣어가며 거품기로 섞기

STEP 3 응용 박력분과 베이킹파우더, 시나몬 파우더를 체 쳐 넣고 거품기로 섞기

STEP 4 응용 A와 초코칩을 넣어 반죽에 윤기가 생길 때까지 주걱으로 전체를 섞기

STEP 5 반죽을 틀에 담고 예열한 오븐에서 40분 굽기

STEP 6 구워진 케이크를 틀째로 망에 올려 식히기

추가 7 **아이싱하기**
볼에 버터와 브라운슈거를 넣어 주걱으로 비벼 섞는다. 요거트, 가루 설탕, 인스턴트커피를 넣고 들어 올리면 걸쭉하게 떨어질 정도의 페이스트 상태가 될 때까지 계속 섞는다. 너무 딱딱하면 요거트를 약간(분량 외) 더 넣고, 너무 부드러우면 가루 설탕을 약간(분량 외) 더 넣어 조절하며 아이싱을 만든다. 케이크를 틀에서 빼고 시트를 벗긴 다음 위에 아이싱을 뿌린다.

＊초코칩이 들어가는 분량만큼 그래뉴당을 줄여 단맛을 조절했습니다.
＊우유가 들어가는 분량만큼 박력분을 늘려 수분을 조절했습니다.

4
캐러멜 + 아몬드

② 캐러멜 + 아몬드

캐러멜은 '좀 탔나?' 싶을 정도로 간장과 비슷한 색이 될 때까지 색을 내주세요.
진한 캐러멜이 반죽에 섞여 풍미가 가득한 케이크로 만들어집니다.

재료

◈ **버터 80g**
◈ **그래뉴당 60g**
◈ **아몬드 파우더 30g**
◈ **달걀 2개(약 100g)**
◈ **박력분 100g**
◈ **베이킹파우더 3g(약 1/2작은술)**
◈ **럼주 1큰술**
◈ **아몬드 슬라이스 적당량**
◈ **캐러멜**
- 그래뉴당 50g
- 물 1작은술
- 생크림(유지방분 35%) 60cc

미리 준비하기

▷ 버터는 실온에 두어 부드럽게 한다.

▷ 달걀은 실온에 두고 풀어둔다.

▷ 생크림은 실온에 둔다.

▷ **캐러멜 만들기** 작은 냄비에 그래뉴당과 물을 넣은 후 젓지 말고 중불로 끓인다. 옅은 갈색이 되면 주걱으로 냄비 바닥에 펼쳐 골고루 태운다. 짙은 갈색이 되면 불을 끄고 생크림을 넣어(ⓐ), 가볍게 섞는다. 한 번 펄펄 끓인 후 불을 끄고 열기를 식힌다.

▷ 파운드 틀에 오븐 시트를 깐다.

▷ 오븐은 180℃로 예열한다.

ⓐ

이 정도 색이 되었을 때가 생크림을 넣을 타이밍. 튀지 않도록 조금씩 넣어준다.

만드는 방법

STEP 1 볼에 버터와 그래뉴당을 넣어 핸드믹서로 크림화하기

STEP 2 응용 캐러멜, 아몬드 파우더 순으로 넣어가며 거품기로 섞은 후 달걀을 나누어 넣어가며 섞기

STEP 3 박력분과 베이킹파우더를 체 쳐 넣고 거품기로 섞기

STEP 4 응용 럼주를 넣어 반죽에 윤기가 생길 때까지 주걱으로 전체를 섞기

STEP 5 응용 반죽을 틀에 담고 아몬드 슬라이스를 뿌린 후 예열한 오븐에서 40분 굽기

STEP 6 응용 구워진 케이크를 틀째로 망에 올려 식힌 후 2cm 두께로 자르기

* 생크림이 차가우면 캐러멜이 굳어요. 반드시 실온에 두세요.
* 한입 크기 큐브 모양으로 자르면 손가락으로 집거나 포크로 찍어 먹기 좋아요.

③ 초콜릿 + 헤이즐넛

초콜릿 맛 반죽에 헤이즐넛 파우더를 넣으면 독특한 쓴맛을 느낄 수 있어요.
그랑 마르니에의 오렌지 향은 초콜릿 맛을 더욱 두드러지게 만들지요.

재료

- 버터 75g
- 그래뉴당 75g
- 커버처 초콜릿(카카오 함량 70%) 30g
- 헤이즐넛 파우더 30g
- 달걀 2개(약 100g)
- 박력분 30g
- 베이킹파우더 3g(약 1/2작은술)
- 코코아 파우더 2큰술
- 그랑 마르니에 1큰술
- 헤이즐넛 약 10알

미리 준비하기

- ▷ 버터는 실온에 두어 부드럽게 한다.
- ▷ 달걀은 실온에 두고 풀어둔다.
- ▷ 커버처 초콜릿은 잘게 썰어 중탕으로 녹이고 사람 체온 정도로 보온해둔다.
- ▷ 파운드 틀에 오븐 시트를 깐다.
- ▷ 오븐은 180℃로 예열한다.

만드는 방법

STEP 1 볼에 버터와 그래뉴당을 넣어 핸드믹서로 크림화하기

STEP 2 응용 커버처 초콜릿, 헤이즐넛 파우더 순으로 넣어가며 거품기로 섞은 후 달걀을 나누어 넣어가며 섞기

STEP 3 응용 박력분과 베이킹파우더, 코코아 파우더를 체 쳐 넣고 거품기로 섞기

STEP 4 응용 그랑 마르니에를 넣어 반죽에 윤기가 생길 때까지 주걱으로 전체를 섞기

STEP 5 응용 반죽을 틀에 담고 헤이즐넛을 뿌린 후 예열한 오븐에서 40분 굽기

STEP 6 구워진 케이크를 틀째로 망에 올려 식히기

* 커버처 초콜릿은 발로나 사의 '과나하'를 사용했어요. 같은 양의 다른 판 초콜릿을 사용해도 상관없지만, 카카오 함량이 높고 조금 쓴 초콜릿을 사용해야 확실하게 맛이 나요.
* 그랑 마르니에는 오렌지로 만든 술로, 오렌지 향과 산미가 초콜릿과 잘 어울려요. 럼주, 브랜디 등으로 대체해도 좋고 술의 풍미가 싫다면 넣지 않아도 괜찮아요.
* 헤이즐넛 파우더에는 유분이 있기 때문에 박력분뿐만 아니라 버터도 줄였습니다.

④ 흑설탕

블록 상태인 흑설탕의 아삭한 식감이 중독적이에요.
그래뉴당과는 또 다른 단맛을 즐겨보세요.

재료

- 버터 100g
- 흑설탕(분말) 70g
- 달걀 2개(약 100g)
- 박력분 100g
- 베이킹파우더 3g(약 1/2작은술)
- 흑설탕(각설탕) 30g

미리 준비하기

- 버터는 실온에 두어 부드럽게 한다.
- 달걀은 실온에 두고 풀어둔다.
- 파운드 틀에 오븐 시트를 깐다.
- 오븐은 180℃로 예열한다.

만드는 방법

STEP 1 응용 볼에 버터와 흑설탕(분말)을 넣어 핸드믹서로 크림화하기

STEP 2 달걀을 나누어 넣어가며 거품기로 섞기

STEP 3 박력분과 베이킹파우더를 체 쳐 넣고 거품기로 섞기

STEP 4 응용 흑설탕(각설탕)을 넣어 반죽에 윤기가 생길 때까지 주걱으로 전체를 섞기

STEP 5 반죽을 틀에 담고 예열한 오븐에서 40분 굽기

STEP 6 구워진 케이크를 틀째로 망에 올려 식히기

＊각설탕 밖에 없다면 랩으로 감싸 절굿공이 등으로 빻으면 분말 형태가 됩니다.

△
메밀가루 + 살구

3
응용 레시피

가루를 바꾸다

박력분뿐만 아니라 다른 가루로 케이크를 만들어 보세요.
식감이 확 바뀌어요.
취향에 맞는 가루를 발견해보는 재미도 느낄 수 있어요.

① 메밀가루 + 살구

메밀가루를 사용해 색다른 맛의 케이크를 만들어 보세요.
벌꿀을 넣으면 촉촉한 단맛도 느낄 수 있어요.

재료

- 버터 100g
- 그래뉴당 80g
- 벌꿀 1큰술
- 달걀 2개(약 100g)
- 메밀가루 80g
- 박력분 20g
- 베이킹파우더 3g(약 1/2작은술)
- 말린 살구 6개

미리 준비하기

- 버터는 실온에 두어 부드럽게 한다.
- 달걀은 실온에 두고 풀어둔다.
- 말린 살구는 뜨거운 물(분량 외)을 부어 표면을 불린다. 물기를 없앤 후 1.5cm 두께로 자른다.
- 파운드 틀에 오븐 시트를 깐다.
- 오븐은 180℃로 예열한다.

만드는 방법

STEP 1 응용 볼에 버터와 그래뉴당, 벌꿀을 넣어 핸드믹서로 크림화하기

STEP 2 달걀을 나누어 넣어가며 거품기로 섞기

STEP 3 응용 박력분과 베이킹파우더, 메밀가루를 체 쳐 넣고 거품기로 섞기

STEP 4 응용 말린 살구 2/3 양을 넣어 반죽에 윤기가 생길 때까지 주걱으로 전체를 섞기

STEP 5 응용 반죽을 틀에 담고 나머지 말린 살구를 뿌린 후 예열한 오븐에서 40분 굽기

STEP 6 구워진 케이크를 틀째로 망에 올려 식히기

* 말린 살구는 잘 가라앉기 때문에 반죽에 골고루 퍼지게 하기 위해서 [STEP4]와 [STEP5]에 나누어 넣었어요. 마지막에 손가락으로 살짝 누른 후 구워 주세요.
* 그래뉴당 대신 황설탕, 수수설탕 등을 써도 좋아요.

△

전립분 + 라즈베리

② 전립분 + 라즈베리

전립분에 라즈베리 잼을 더해 보았어요.
피넛버터를 반죽에 넣은 이 케이크는 미국식 샌드위치가 떠오르는 맛이에요.

재료

◈ 버터 50g
◈ 피넛버터(무염) 50g
◈ 그래뉴당 70g
◈ 달걀 2개(약 100g)
◈ 전립분 100g
◈ 베이킹파우더 3g(약 1/2작은술)
◈ 라즈베리 잼 50g
◈ 피넛(반으로 가른 것) 10g

미리 준비하기

▷ 버터는 실온에 두어 부드럽게 한다.
▷ 달걀은 실온에 두고 풀어둔다.
▷ 파운드 틀에 오븐 시트를 깐다.
▷ 오븐은 180℃로 예열한다.

만드는 방법

STEP 1 응용 볼에 버터와 그래뉴당, 피넛버터를 넣어 핸드믹서로 크림화하기

STEP 2 달걀을 나누어 넣어가며 거품기로 섞기

STEP 3 응용 전립분과 베이킹파우더를 체 쳐 넣고 거품기로 섞기

STEP 4 반죽에 윤기가 생길 때까지 주걱으로 전체를 섞기

STEP 5 응용 **라즈베리 잼 등을 넣은 반죽을 틀에 담고 예열한 오븐에서 40분 굽기**

반죽의 1/3 양을 담고 숟가락으로 라즈베리 잼의 1/2 양을 떨어뜨린다. 이 과정을 한 번 더 반복하고 나머지 반죽을 담은 후 피넛을 뿌린다.

STEP 6 구워진 케이크를 틀째로 망에 올려 식히기

* 잼은 베리 종류면 대체로 잘 어울려요. 잼 대신 판 초콜릿을 넣어도 맛있어요.

△
마블(말차 + 화이트 초콜릿)

4
응용 레시피

두 종류의 반죽을 합치다

케이크의 단면에 다양한 표정이 생겨나요.
맛도 평소보다 풍부하고요. 눈과 입으로 반죽의 조합을 즐겨보세요.

① 마블(말차 + 화이트 초콜릿)

화이트 초콜릿으로 만든 말차 맛 봉봉 오 쇼콜라를 케이크로 만나 보세요.
화이트 초콜릿의 달콤함과 말차의 쓴맛이 절묘하게 어우러져 새로운 맛을 느낄 수 있답니다.
아름다운 마블 모양을 만들려면 '많이 섞지 않는 것'이 팁이에요.

재료

- **버터 100g**
- **그래뉴당 80g**
- **달걀 2개(약 100g)**
- **박력분 100g**
- **베이킹파우더 3g(약 1/2작은술)**
- A
  - 말차 파우더 1작은술
  - 뜨거운 물 1큰술
- B
  - 커버처 초콜릿(화이트) 40g
  - 우유 1/2큰술

미리 준비하기

▷ 버터는 실온에 두어 부드럽게 한다.

▷ 달걀은 실온에 두고 풀어둔다.

▷ A의 말차 파우더를 볼에 체 쳐 넣고 뜨거운 물을 조금씩 따르면서 녹여 섞는다.

▷ B의 커버처 초콜릿을 잘게 썰어 우유와 합쳐 중탕하여 녹이고 사람 체온 정도로 보온해둔다.

▷ 파운드 틀에 오븐 시트를 깐다.

▷ 오븐은 180℃로 예열한다.

만드는 방법

STEP 1 볼에 버터와 그래뉴당을 넣어 핸드믹서로 크림화하기

STEP 2 달걀을 나누어 넣어가며 거품기로 섞기

STEP 3 박력분과 베이킹파우더를 체 쳐 넣고 거품기로 섞기

추가 **말차 반죽 만들기**

다른 볼에 [STEP3]의 1/3 양과 A를 넣고 주걱으로 바닥부터 크게 떠서 뒤집듯 전체를 섞는다.

STEP 4 응용 [STEP3]의 볼에 B를 넣어 반죽에 윤기가 생길 때까지 주걱으로 전체를 섞기

추가 **말차 반죽 넣고 섞기**

말차 반죽을 [STEP4]의 볼 중앙에 흘려 넣고 주걱으로 2~3번 정도 십자로 자르듯 섞는다(ⓐ).

STEP 5 응용 반죽을 틀에 담고(ⓑ), 예열한 오븐에서 40분 굽기

STEP 6 구워진 케이크를 틀째로 망에 올려 식히기

ⓐ 주걱의 가장자리를 사용해 2~3번 정도 자르듯 섞는다.

ⓑ 사진과 같은 정도로 섞고 신중히 흘려 넣는다.

* [STEP4]의 볼에 말차 반죽을 넣을 때 반죽을 많이 섞으면 마블 모양이 예쁘게 나타나지 않아요. [STEP5]에서 반죽을 틀에 담을 때에도 어느 정도 섞이므로 조금만 섞어주세요.

② 스트라이프(오렌지 + 코코아)

얼룩말 무늬의 표면이 귀여운 케이크예요.
두 개의 반죽을 굽기 때문에 이 케이크 레시피만 재료가 두 개분이랍니다. 반죽과 반죽을 연결하는 건 가나슈예요.

재료

◈ 오렌지 반죽

- 버터 100g
- 그래뉴당 100g
- 달걀 2개(약 100g)
- 박력분 100g
- 베이킹파우더 3g(약 1/2작은술)
- 오렌지 껍질(간 것) 1/2개분
- 그랑 마르니에 1큰술

◈ 코코아 반죽

- 버터 100g
- 그래뉴당 100g
- 달걀 2개(약 100g)
- 박력분 70g
- 베이킹파우더 3g(약 1/2작은술)
- 코코아 파우더 25g

◈ 가나슈

- 생크림(유지방 함유 35%) 100cc
- 커버처 초콜릿(카카오 함유 70%) 100g

미리 준비하기

▷ 버터는 실온에 두어 부드럽게 한다.
▷ 달걀은 실온에 두고 풀어둔다.
▷ 코코아파우더는 먼저 한 번 체 친다.
▷ 커버처 초콜릿은 잘게 다진다.
▷ 파운드 틀에 오븐 시트를 깐다.
▷ 오븐은 180℃로 예열한다.

만드는 방법

오렌지 반죽 만들기

STEP 1 볼에 버터와 그래뉴당을 넣어 핸드믹서로 크림화하기

STEP 2 달걀을 나누어 넣어가며 거품기로 섞기

STEP 3 박력분과 베이킹파우더를 체 쳐 넣고 거품기로 섞기

STEP 4 응용 오렌지 껍질과 그랑 마르니에를 넣어 반죽에 윤기가 생길 때까지 주걱으로 전체를 섞기

코코아 반죽 만들기

STEP 1 볼에 버터와 그래뉴당을 넣어 핸드믹서로 크림화하기

STEP 2 달걀을 나누어 넣어가며 거품기로 섞기

STEP 3 응용 박력분과 베이킹파우더, 코코아 파우더를 체 쳐 넣고 거품기로 섞기

STEP 4 반죽에 윤기가 생길 때까지 주걱으로 전체를 섞기

케이크 만들기

STEP 5 응용 각 반죽을 각각의 틀에 담고 예열한 오븐에서 40분 굽기

STEP 6 구워진 케이크를 틀째로 망에 올려 식히기

추가 7 **케이크 4등분하기**

케이크가 식으면 각 케이크의 부풀어 오른 부분을 잘라내고(ⓐ), 위아래를 뒤집어 가로로 4등분하여 자른다(ⓑ).

추가 8 **가나슈 바르기**

내열 볼에 생크림을 넣고 랩을 씌워 전자레인지로 1분 정도 가열한다. 뜨거울 때 커버처 초콜릿을 넣어 주걱으로 가볍게 섞어서 가나슈를 만든다. 오렌지 케이크 조각과 코코아 케이크 조각을 교차로 올리고 사이에는 팔레트 나이프로 가나슈를 바른다(ⓒ). 양끝을 잘라내고(ⓓ) 위에 가나슈를 흘린 후 팔레트 나이프로 윗면과 측면을 바른다(ⓔ). 나머지 하나도 같은 방법으로 만들고 냉장실에서 30분 정도 식힌다.

* 커버처 초콜릿은 발로나 사의 '과하나'를 사용했습니다.
* [STEP6]에서 케이크를 완전히 식히면 자르기 쉬워요.

ⓐ

한 손으로 반죽을 받치고, 브레드 나이프를 사용해 가로로 자른다. 잘라낸 부분으로 트라이플을 만들어도 좋다.

ⓑ

모두 자른 모습

ⓒ

잘라낸 조각 윗면에 팔레트 나이프로 가나슈를 바른다. 느리게 바르면 가나슈가 퍽퍽해지기 때문에 가능한 빠르게 펴 바른다.

ⓓ

양 끝을 잘라내면 전체 모양이 정돈되고 측면에 가나슈를 바르기 쉬워진다.

ⓔ

가능한 빠르게 펴 바른다. 위에 떨어뜨린 가나슈를 우선 윗면에 펴 바르고, 가장자리로 떨어져 흐르는 가나슈로 측면을 바른다.

남은 케이크로 만드는 트라이플

잘라낸 케이크의 윗부분(ⓐ)은 트라이플로 만들어보세요. 한입 크기로 잘라 크림을 뿌리고 과일이나 견과류를 곁들이거나 시나몬 파우더, 초콜릿 소스 등을 뿌리면 완성. 크림은 생크림과 그래뉴당을 약간 걸쭉할 정도로 섞어 만듭니다.

럼주 + 건포도

5
응용 레시피

어른의 맛을 느끼다

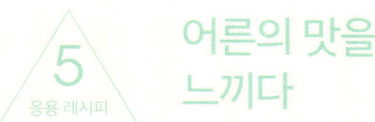

양주를 사용하면 묘한 어른의 맛이 느껴지는 것 같아요.
시간이 지나면 지날수록 술맛이 스며들기 때문에 일주일 정도 후에 가장 맛있게 먹을 수 있어요.

1 럼주 + 건포도

가장 정통적인 조합이에요.
럼주를 듬뿍 넣으면 반죽 전체에 럼주의 풍미가 스며들어서 많이 달지 않고 좋아요.

재료

- **버터 120g**
- **그래뉴당 50g**
- **브라운슈거 50g**
- **달걀 2개(약 100g)**
- **박력분 160g**
- **베이킹파우더 3g(약 1/2작은술)**
- **오렌지 마멀레이드 50g**
- **건포도 100g**
- **럼주 100cc**
- **나파주**
  - 럼주 2큰술
  - 오렌지 마멀레이드 2큰술

미리 준비하기

- 버터는 실온에 두어 부드럽게 한다.
- 달걀은 실온에 두고 풀어둔다.
- 건포도는 뜨거운 물(분량 외)을 부어 표면을 불린다. 물기를 없앤 후 럼주에 30분 이상 담근다.
- 파운드 틀에 오븐 시트를 깐다.
- 오븐은 180℃로 예열한다.

만드는 방법

STEP 1 응용 볼에 버터와 그래뉴당, 브라운슈거를 넣어 핸드믹서로 크림화하기

STEP 2 달걀을 나누어 넣어가며 거품기로 섞기

STEP 3 응용 **박력분과 베이킹파우더, 마멀레이드 등을 넣어 거품기로 섞기**
박력분과 베이킹파우더 1/2 양을 체 쳐 넣고 섞은 후 마멀레이드와 건포도를 담은 럼주를 추가하여 섞는다. 나머지 박력분과 베이킹파우더를 체 쳐 넣어 가루가 보이지 않을 때까지 섞는다.

STEP 4 응용 반죽에 윤기가 생길 때까지 주걱으로 전체를 섞은 다음 랩을 씌워 냉장실에 넣고 30~60분 휴지시키기

STEP 5 반죽을 틀에 담고 예열한 오븐에서 40분 굽기

STEP 6 구워진 케이크를 틀째로 망에 올려 식히기

추가 7 **나파주 바르기**
내열 볼에 재료(럼주와 오렌지 마멀레이드)를 모두 넣고 전자레인지로 15~30초 가열해서 녹인 다음 빠르게 저어 나파주를 만든다. 케이크가 뜨거울 때 솔을 이용해 윗면과 측면에 나파주를 바르고 말린다.

* 럼주가 들어가는 분량만큼 박력분을 늘려 수분을 조절했습니다.
* 가루와 액상 재료가 잘 섞이도록 가루는 두 번으로 나누어 체 쳐 넣고 사이에 액상 재료를 섞어 넣습니다.
* 수분과 유분이 많기 때문에 잠시 휴지시켜 반죽 전체가 어우러지게 합니다. 휴지시키지 않고 구워도 상관없지만 식감이 약간 떨어져요.

② 케이크 + 수제트

크레이프 수제트를 본따 만든 케이크예요.
캐러멜, 오렌지, 그랑 마르니에의 조합은 실패하려야 할 수 없는 조합인 것 같아요.

재료

- 버터 100g
- 그래뉴당 100g
- 달걀 2개(약 100g)
- 박력분 160g
- 베이킹파우더 3g(약 1/2작은술)
- 피스타치오(잘게 다진 것) 적당량
- 오렌지 캐러멜
  - 그래뉴당 20g
  - 오렌지 과즙 75cc
  - 오렌지 껍질(간 것) 1/2개분
  - 그랑 마르니에 40cc
- 오렌지 시럽 조림
  - 물 50cc
  - 그래뉴당 35g
  - 오렌지 1개
  - 그랑 마르니에 1큰술

미리 준비하기

- 버터는 실온에 두어 부드럽게 한다.
- 달걀은 실온에 두고 풀어둔다.
- **오렌지 시럽 조림**의 오렌지를 위아래 3cm 정도 잘라내고 3mm 두께로 둥근썰기 한다. 잘라낸 과육은 짜서 오렌지 과즙을 만든다.
- **오렌지 캐러멜 만들기** 작은 냄비에 그래뉴당을 넣고 젓지 말고 중불로 끓인다. 옅은 갈색이 되면 오렌지 과즙을 넣고 한소끔 끓인다. 오렌지 껍질과 그랑 마르니에를 넣어 재빨리 젓고 불에서 내려 열기를 식힌다.
- 파운드 틀에 오븐 시트를 깐다.
- 오븐은 180℃로 예열한다.

만드는 방법

STEP 1 볼에 버터와 그래뉴당을 넣어 핸드믹서로 크림화하기

STEP 2 달걀을 나누어 넣어가며 거품기로 섞기

STEP 3 응용 **박력분과 베이킹파우더, 오렌지 캐러멜을 넣어 거품기로 섞기**

박력분과 베이킹파우더 1/2 양을 체 쳐 넣고 섞은 후 오렌지 캐러멜을 추가하여 섞는다. 나머지 박력분과 베이킹파우더를 체 쳐 넣어 가루가 보이지 않을 때까지 섞는다.

STEP 4 응용 반죽에 윤기가 생길 때까지 주걱으로 전체를 섞은 다음 랩을 씌워 냉장실에 넣고 30~60분 휴지시키기

STEP 5 반죽을 틀에 담고 예열한 오븐에서 40분 굽기

추가 **오렌지 시럽 조림 만들기**

냄비에 물, 미리 짜둔 오렌지 과즙, 그래뉴당을 넣어 중불로 가열한다. 끓어오르면 둥근썰기한 오렌지를 넣고, 약불로 내려 5분 정도 끓인다. 껍질의 하얀 부분이 투명해지면 그랑 마르니에를 넣어 재빨리 젓고, 불에서 내려 식힌다.

STEP 6 응용 **구워진 케이크에 오렌지 시럽 바르기**

케이크가 뜨거울 때 솔을 이용해 윗면과 측면에 시럽을 바르고, 오렌지(조림)를 나열해 말린다. 피스타치오가 있다면 위에 뿌린다. 시럽은 듬뿍 바르지 않고 표면에만 촉촉이 바르는 정도가 좋다.

* 액상 재료가 들어가는 분량만큼 박력분을 늘려 수분을 조절했습니다.
* 가루가 많아 섞기 힘들기 때문에 두 번으로 나누어 체 쳐 넣습니다. 이렇게 하면 뭉치지 않아요. 식감을 위해서 잠시 휴지시키는 편이 좋습니다.

아마낫토 + 유자

6
응용 레시피

과자를 넣는다

시판용 과자를 케이크 필링으로 사용했어요.
이런 간편함이 파운드케이크의 가장 큰 장점인 것 같아요.

① 아마낫토 + 유자

물방울 모양의 단면이 귀여운 케이크예요.
아마낫토는 삶은 콩이나 팥을 꿀물에 졸여 설탕에 버무린 일본의 전통 과자예요.
유자의 상큼한 풍미가 아마낫토의 단맛을 적절히 눌러주기 때문에 과하게 달지 않아 좋아요.

재료

◈ **버터 100g**
◈ **그래뉴당 80g**
◈ **달걀 2개(약 100g)**
◈ **박력분 100g**
◈ **아몬드 파우더 20g**
◈ **베이킹파우더 3g(약 1/2작은술)**
◈ **아마낫토(시판용) 100g**
◈ **유자 껍질(간 것) 1개분**

미리 준비하기

▷ 버터는 실온에 두어 부드럽게 한다.
▷ 달걀은 실온에 두고 풀어둔다.
▷ 파운드 틀에 오븐 시트를 깐다.
▷ 오븐은 180℃로 예열한다.

만드는 방법

STEP 1 볼에 버터와 그래뉴당을 넣어 핸드믹서로 크림화하기

STEP 2 달걀을 나누어 넣어가며 거품기로 섞기

STEP 3 응용 박력분과 베이킹파우더, 아몬드 파우더를 체 쳐 넣고 거품기로 섞기

STEP 4 응용 아마낫토와 유자 껍질을 넣어 반죽에 윤기가 생길 때까지 주걱으로 전체를 섞기

STEP 5 반죽을 틀에 담고 예열한 오븐에서 40분 굽기

STEP 6 구워진 케이크를 틀째로 망에 올려 식히기

*아마낫토는 잘 가라앉기 때문에 반죽에 골고루 퍼지게 하기 위해서 [STEP4]와 [STEP5]에 나누어 넣었어요. 마지막에 손가락으로 살짝 누른 후 구워 주세요.

② 캐러멜 + 무화과

추억의 옛날 캐러멜을 넣어 만들었어요.
편의점에서도 쉽게 구할 수 있답니다.
캐러멜만 넣으면 너무 달기 때문에 커피를 약간 넣어 맛을 조절했어요.

재료

- **버터 75g**
- **그래뉴당 80g**
- **달걀 2개(약 100g)**
- **박력분 100g**
- **베이킹파우더 3g(약 1/2작은술)**
- **캐러멜(시판용) 50~60g**
- **인스턴트커피(과립) 1g**
- **말린 무화과 4개**
- **럼주 1작은술**

미리 준비하기

- 버터는 실온에 두어 부드럽게 한다.
- 달걀은 실온에 두고 풀어둔다.
- 캐러멜은 굵게 썰어둔다. 분량의 1/2 양을 물 2큰술(분량 외), 인스턴트커피와 함께 내열 볼에 넣어 랩을 씌운 후 전자레인지로 15~20초 가열해서 녹인 다음 빠르게 젓는다.
- 말린 무화과는 뜨거운 물(분량 외)을 부어 표면을 불린다. 물기를 없앤 후 한입 크기로 잘라 럼주를 뿌린다.
- 파운드 틀에 오븐 시트를 깐다.
- 오븐은 180℃로 예열한다.

만드는 방법

STEP 1 볼에 버터와 그래뉴당을 넣어 핸드믹서로 크림화하기

STEP 2 응용 녹인 캐러멜을 넣고 달걀을 나누어 넣어가며 거품기로 섞기

STEP 3 박력분과 베이킹파우더를 체 쳐 넣고 거품기로 섞기

STEP 4 응용 남은 캐러멜과 말린 무화과를 넣어 반죽에 윤기가 생길 때까지 주걱으로 전체를 섞기

STEP 5 반죽을 틀에 담고 예열한 오븐에서 40분 굽기

STEP 6 구워진 케이크를 틀째로 망에 올려 식히기

＊캐러멜을 전자레인지로 녹일 때에는 꼼꼼하게 상태를 확인해주세요. 오래 가열하면 끓어 넘칠 위험이 있습니다.

7
응용 레시피

통조림을 넣다

통조림이 있으면 언제든 손쉽게 케이크를 만들 수 있어요. 번거롭게 재료 손질할 필요도 없고 보존 기한도 긴 것이 장점이랍니다. 황도나 살구 통조림도 많이 쓰여요.

① 서양배 + 초콜릿

부드러운 서양배와 씁쓸한 초콜릿의 궁합을 느껴 보세요.
과일 통조림의 단맛이 강하기 때문에 초콜릿은 약간 쓴맛으로 사용해주세요.

재료

- **버터 100g**
- **그래뉴당 100g**
- **달걀 2개(약 100g)**
- **박력분 100g**
- **베이킹파우더 3g(약 1/2작은술)**
- **서양배(통조림) 1과 1/2개(약 170g)**
- **판 초콜릿(비터) 2/3매(약 40g)**
- **아몬드 슬라이스 10g**

미리 준비하기

- ▷ 버터는 실온에 두어 부드럽게 한다.
- ▷ 달걀은 실온에 두고 풀어둔다.
- ▷ 서양배는 키친페이퍼로 닦아 물기를 없앤다. 5mm 두께로 얇게 썰어둔다.
- ▷ 파운드 틀에 오븐 시트를 깐다.
- ▷ 오븐은 180℃로 예열한다.

만드는 방법

STEP 1 볼에 버터와 그래뉴당을 넣어 핸드믹서로 크림화하기

STEP 2 달걀을 나누어 넣어가며 거품기로 섞기

STEP 3 박력분과 베이킹파우더를 체 쳐 넣고 거품기로 섞기

STEP 4 응용 서양배를 넣어 반죽에 윤기가 생길 때까지 주걱으로 전체를 섞기

STEP 5 응용 **판 초콜릿 등을 넣은 반죽을 틀에 담고 예열한 오븐에서 40분 굽기**
반죽의 1/3 양을 담고 판 초콜릿 1/2 양을 손으로 5cm 두께로 잘라 나열한다. 한 번 더 반복하고 나머지 반죽을 담은 후 아몬드 슬라이스를 뿌린다.

STEP 6 구워진 케이크를 틀째로 망에 올려 식히기

＊과일 통조림을 넣을 때는 물기를 확실히 제거해주세요.

다크 체리 + 사워크림

② 다크 체리 + 사워크림

옆면에 박힌 다크 체리가 인상적인 케이크예요.
반죽에 사워크림을 넣으면 보드랍고 촉촉한 식감을 느낄 수 있답니다.

재료

- ◈ 버터 90g
- ◈ 그래뉴당 90g
- ◈ 사워크림 45g
- ◈ 달걀 2개(약 100g)
- ◈ 박력분 120g
- ◈ 베이킹파우더 3g(약 1/2작은술)
- ◈ 레몬 껍질(간 것) 1/2개분
- ◈ 다크 체리(통조림) 20알
- ◈ 키르슈 1큰술

미리 준비하기

- ▷ 버터는 실온에 두어 부드럽게 한다.
- ▷ 달걀은 실온에 두고 풀어둔다.
- ▷ 다크 체리는 키친페이퍼로 물기를 닦아 없앤다. 씨가 있다면 제거하고 키르슈를 뿌린다.
- ▷ 파운드 틀에 오븐 시트를 깐다.
- ▷ 오븐은 180℃로 예열한다.

만드는 방법

STEP 1 응용 볼에 버터와 그래뉴당, 사워크림을 넣어 핸드믹서로 크림화하기

STEP 2 달걀을 나누어 넣어가며 거품기로 섞기

STEP 3 응용 박력분과 베이킹파우더를 체 쳐 넣고 레몬 껍질을 넣은 후 거품기로 섞기

STEP 4 반죽에 윤기가 생길 때까지 주걱으로 전체를 섞기

STEP 5 응용 **다크 체리를 넣은 반죽을 틀에 담고 예열한 오븐에서 40분 굽기**
반죽의 1/2 양을 담고 다크 체리의 1/2 양을 나열한 후 나머지 반죽을 담는다. 10분 정도 구웠을 때 표면이 부풀어 올라 있다면 윗면에 나머지 다크 체리를 올리고 30분 정도 더 굽는다.

STEP 6 구워진 케이크를 틀째로 망에 올려 식히기

* 사워크림의 수분만큼 박력분을 늘려 조절했습니다.
* 다크 체리의 크기에 따라 반죽이 넘칠 수도 있어요. 반죽을 틀의 80% 정도 채워도 남을 경우 나머지는 알루미늄 컵 등에 넣어 구워주세요.
* 다크 체리에서 물기가 새어 나와 반죽이 상하기 쉬우니 빨리 드세요.
* 중간에 오븐에서 꺼냈다가 다시 넣을 때는 문을 재빨리 여닫아주세요. 느긋하게 하거나 자주 여닫으면 오븐 내의 온도가 내려갑니다.

8
응용 레시피

과일을 넣다

사과와 바나나는 비교적 보존 기한이 길고 구하기 쉬워서 베이킹 재료로 자주 쓰여요.
이 두 과일은 파운드케이크를 만들 때도 큰 활약을 한답니다.

① 바나나 + 피칸

파운드케이크 하면 바나나를 재료로 떠올리는 분이 많을 거예요.
바나나만 넣어도 맛있지만 토핑으로 견과류를 뿌리면 바삭바삭한 식감이 살아나요.

재료

- ◈ **버터 100g**
- ◈ **그래뉴당 80g**
- ◈ **달걀 2개(약 100g)**
- ◈ **박력분 125g**
- ◈ **베이킹파우더 3g(약 1/2작은술)**
- ◈ **바나나 100g(중간 크기 1개)**
- ◈ **피칸(혹은 호두) 약 12알**

미리 준비하기

- ▷ 버터는 실온에 두어 부드럽게 한다.
- ▷ 달걀은 실온에 두고 풀어둔다.
- ▷ 바나나는 포크 등으로 눌러 퓨레 상태로 만든다(ⓐ).
- ▷ 파운드 틀에 오븐 시트를 깐다.
- ▷ 오븐은 180℃로 예열한다.

ⓐ

포크 등을 이용해 약간은 덩어리가 보이는 정도로 으깬다.

만드는 방법

- STEP 1 볼에 버터와 그래뉴당을 넣어 핸드믹서로 크림화하기
- STEP 2 달걀을 나누어 넣어가며 거품기로 섞기
- STEP 3 박력분과 베이킹파우더를 체 쳐 넣고 거품기로 섞기
- STEP 4 응용 바나나를 넣어 반죽에 윤기가 생길 때까지 주걱으로 전체를 섞기
- STEP 5 응용 반죽을 틀에 담고 피칸을 뿌린 후 예열한 오븐에서 40분 굽기
- STEP 6 구워진 케이크를 틀째로 망에 올려 식히기

* 바나나는 완전히 으깨지 않는 것이 식감이 있어 맛있어요.
* 바나나의 수분만큼 박력분을 늘렸고, 단맛이 있는 만큼 그래뉴당을 줄였습니다.

② 캐러멜 애플 크럼블

캐러멜과 사과의 조합을 좋아해요. 마치 타르트 타탕처럼요.
달콤상큼하면서 부드러운 사과와 바삭바삭한 크럼블이 파운드케이크라고 생각할 수 없을 정도로 톡톡 튀는 식감을 선사합니다.

재 료

- **버터 100g**
- **그래뉴당 80g**
- **달걀 2개(약 100g)**
- **박력분 100g**
- **베이킹파우더 3g(약 1/2작은술)**
- **크럼블**
  - 박력분 25g
  - 브라운슈거 25g
  - 아몬드 파우더 25g
  - 버터 25g
  - 호두(굵게 썬 것) 10g
- **사과 소테**
  - 버터 1큰술
  - 그래뉴당 2큰술
  - 사과(홍옥) 200g(큰 것 1개)
  - 시나몬 파우더 약간

미리 준비하기

▷ 버터는 실온에 두어 부드럽게 한다(크럼블용과 소테용은 차가운 채로 사용한다).

▷ 달걀은 실온에 두고 풀어둔다.

▷ **크럼블 만들기** 볼에 박력분, 브라운슈거, 아몬드 파우더를 넣어 손으로 대강 섞는다. 버터를 넣어 가루류가 잘 섞이도록 골고루 손가락으로 비벼 눌러(ⓐ), 소보로 상태로 만든다. 호두를 넣어 대강 섞은 후(ⓑ), 랩을 씌워 냉동실에서 30분 정도 식힌다.

▷ **사과 소테 만들기** 사과의 껍질을 벗기고 1.5cm 두께로 썬다. 작은 냄비에 버터와 그래뉴당을 넣어 젓지 말고 중불로 가열한다. 옅은 갈색이 되면 사과를 넣어(ⓒ) 조린다. 흐물흐물해지면 시나몬 파우더를 넣어 대강 섞고(ⓓ), 그릇에 옮기고 식힌다.

▷ 파운드 틀에 오븐 시트를 깐다.

▷ 오븐은 180℃로 예열한다.

만드는 방법

STEP 1 볼에 버터와 그래뉴당을 넣어 핸드믹서로 크림화하기

STEP 2 달걀을 나누어 넣어가며 거품기로 섞기

STEP 3 박력분과 베이킹파우더를 체 쳐 넣고 거품기로 섞기

STEP 4 응용 사과 소테를 넣어 반죽에 윤기가 생길 때까지 주걱으로 전체를 섞기

STEP 5 응용 반죽을 틀에 담고 크럼블 1/2 양을 뿌린 후 예열한 오븐에서 40분 굽기

STEP 6 구워진 케이크를 틀째로 망에 올려 식히기

＊크럼블의 재료는 '만들기 쉬운 분량'입니다. 1/2 분량만 사용하고 나머지는 랩을 씌워 냉동보관 해주세요. 2~3주는 보관 가능합니다. 오븐으로 노릇노릇하게 구우면 아이스크림이나 요거트의 토핑으로 사용할 수 있고, 구운 과자나 케이크 등에도 폭넓게 사용할 수 있어요.

가루를 입히면서 팥알만 한 크기가 될 때까지 손가락으로 버터를 찢는다. 버터가 녹기 전에 재빨리 한다.

호두를 섞은 후의 상태. 크기는 어느 정도 제각각이어도 된다.

투명한 갈색일 때 사과를 넣는다.

사과가 부서지지 않으면서 캐러멜과 잘 엉기도록 부드럽게 섞는다.

맛있는 아이스크림 토스트

파운드케이크를 오븐 토스터로 데운 후 바닐라 아이스크림을 올리고 시나몬 파우더를 뿌리면 맛있는 디저트가 간단하게 완성돼요.

2
CHAPTER

폭신폭신 파운드케이크

달걀을 거품내서 만드는 스펀지케이크처럼 부드러운 식감의 케이크예요.
폭신폭신하면서 부드러운 반죽과 아삭아삭한 아이싱의 조합을 좋아해서
반죽에 어울리는 다양한 아이싱을 만들어보았어요.
매일매일 먹고 싶은 18종의 파운드케이크 응용 레시피를 소개할게요.

폭신폭신 파운드케이크

기본 레시피

폭신폭신 파운드케이크 기본 레시피

가볍고 부드러운 식감이 인상적인 폭신폭신 파운드케이크의 기본 레시피입니다. 클래식 파운드케이크와 비교하면 버터, 그래뉴당, 박력분이 각각 10~20g 적게 들어가요. 그만큼 반죽이 가벼워져 잘 부풀기 때문에 베이킹파우더를 넣을 필요가 없습니다. 이 반죽의 포인트는 달걀의 거품 내기예요. 달걀을 더운 물에 중탕해서 공기를 확실하게 머금도록 해주세요. 이후의 응용 레시피는 기본 레시피를 토대로 일부 과정이 가감되므로 기본 레시피의 미리 준비하기와 만드는 방법을 꼼꼼하게 읽어 주세요.

재료

- **버터 90g**
- **달걀 2개(약 100g)**
- **그래뉴당 80g**
- **박력분 80g**

* 미리 제대로 계량한 후 시작합니다. 그래야 다음 작업이 수월하고 실패할 일도 적어져요.
* 유분이 많은 재료를 넣을 때는 베이킹파우더를 넣는 경우도 있습니다.

미리 준비하기

파운드 틀에 오븐 시트를 깐다.

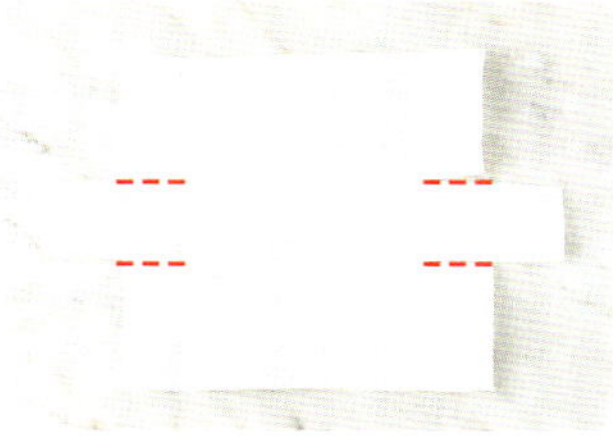

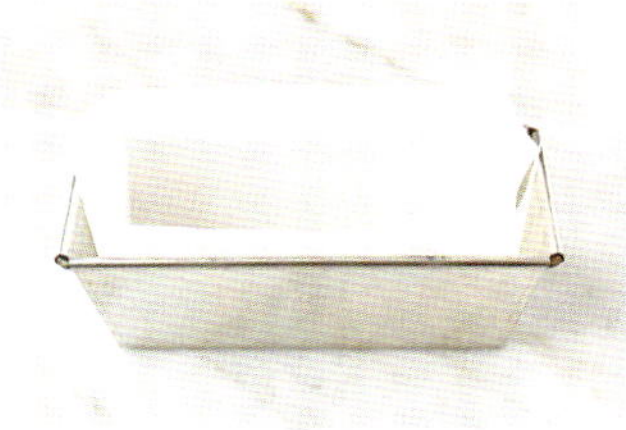

▷ 오븐 시트는 틀에 맞춰 접선을 만들고 사진과 같이 네 군데에 가위집을 넣어 틀에 깔아 넣습니다.

▷ 이 반죽은 구우면 높이가 높아지므로 오븐 시트를 틀에서 1cm 정도 올라오도록 자릅니다.

오븐은 180℃로 예열한다.

▷ 오븐 예열은 일반적으로 굽기 10~15분 전에 시작합니다. 저는 **[STEP3]**쯤에서 예열을 시작했어요.

'클래식 파운드케이크'에 비해 케이크의 높이가 높기 때문에 부풀어 오른 부분이 틀 양옆으로 튀어나오고 좌우로 퍼지는 것을 볼 수 있어요. 반죽의 결도 성기고 공기를 머금어 폭신폭신한 식감으로 만들어져요

만드는 방법

STEP 1 버터를 냄비에 넣어 중불로 끓인 후 거름망에 걸러 보온해두기

- 견과류 향이 나고 옅은 갈색이 될 때까지 끓입니다. 살짝 태우는 정도가 좋아요. 버터향이 강해지고 반죽의 풍미가 더욱 진해져요.
- 사람 피부보다 조금 뜨거운 온도로 보온해두세요. [SETP2]처럼 중탕을 해두어도 좋아요.

STEP 2 다른 볼에 달걀과 그래뉴탕을 넣어 중탕하고 핸드믹서로 크림화하기

- 프라이팬에 깊이 3cm 정도의 물을 부어 60~70℃ 정도가 될 때까지 가열합니다. 적정 온도가 되면 불을 끄고 볼을 넣어 중탕하면서 크림화합니다. 반죽이 사람 피부보다 약간 높은 정도로 따뜻해지면 볼을 꺼내고 마저 섞어주세요.
- 핸드믹서는 고속으로 설정하여 버터가 공기를 충분히 머금어 하얗게 될 때까지 섞어주세요. 반죽이 핸드믹서의 날개에 엉겨 묵직하게 떨어지는 상태가 되면 저속으로 바꾸고 1분 정도 더 섞어서 반죽의 결을 촘촘하게 해줍니다.
- 다 섞고 나면 들어 올린 반죽이 천천히 떨어지는 상태가 되게 해주세요.

STEP 3 박력분을 체 쳐 넣고 주걱으로 섞기

- 가루를 전체에 골고루 체 쳐 넣습니다.
- 응용 레시피에서 추가되는 가루 종류는 이 단계에서 함께 체 칩니다.
- 주걱으로 전체에 가루를 퍼뜨리면서 바닥부터 뒤집어 올리듯 크게 10~15번 정도 섞어주세요. [STEP4]에서도 한 번 더 섞기 때문에 가루가 조금 보여도 괜찮아요.
- [STEP4]에서 살짝 태운 버터를 넣기 전에 시럽 등의 다른 액상 재료를 넣는 경우도 있어요.

STEP 4 [STEP1]을 넣어 반죽에 윤기가 생길 때까지 주걱으로 전체를 섞기

- 주걱으로 바닥부터 뒤집어 올리듯 크게 제대로 섞어주세요.
- 응용 레시피에서 추가되는 과일 등의 고형 재료는 이 단계에 넣어 섞습니다. 반죽 전체에 골고루 퍼지도록 주걱으로 대강 섞어주세요.
- 들어 올리면 띠 모양으로 스르르 떨어지는 상태가 되게 해주세요.

STEP 5 반죽을 틀에 담고 예열한 오븐에서 30~35분 굽기

- 반죽의 양은 틀 높이의 80% 정도 채우는 것이 적당해요.
- 반죽의 표면을 주걱으로 평평하게 해주지 않아도 괜찮아요. 반죽이 부드러워서 알아서 풀어져요.
- 틀은 오븐판 중앙에 놓습니다.
- 예열한 오븐 문을 열면 재빨리 판을 넣어주세요. 느긋하게 열거나 자주 여닫으면 오븐 안의 온도가 내려가요.

STEP 6 구워진 케이크를 틀에서 꺼내고 시트는 붙인 채로 망에 올려 식히기

- 부풀어 오른 부분을 손가락으로 눌렀을 때 탄력이 느껴지고, 갈라진 부분이 충분히 건조하다면 잘 구워진 상태입니다. 덜 구워진 것 같으면 상태를 보며 5분 간격으로 더 구워주세요.

- 반죽이 수축되지 않도록 오븐에서 꺼내면 바로 틀에서 뺀 후 식히세요.
- 식으면 랩을 씌워 밀폐용기에 상온 보관합니다. 재료에 따라 다르지만 보통 2일 정도 보존 가능하고, 더운 계절에는 그 날 안에 드세요. 이후에 두고 먹기 위해 냉장 보관해야 한다면 가능한 빨리 드시는 것이 좋아요. 수분이 날아가 퍼석퍼석해지기 때문입니다. 냉장 보관 했던 것을 꺼내 먹을 때는 상온에 얼마간 두었다가 먹습니다.

폭신폭신 파운드케이크

응용 레시피

기본 레시피에 약간의 변화를 주기만 해도 전혀 다른 케이크가 만들어집니다.
간단한 응용법으로 17종의 다양한 파운드케이크를 만들어 봅시다.

1. 위크엔드 케이크로 만들다
2. 반죽을 바꾸다
3. 과일을 넣다
4. 사이에 넣다

△
레몬

1
응용 레시피

위크엔드 케이크로 만들다

위크엔드 케이크는 주말에 한 조각만 먹어도 일주일의 피로를 다 잊을 정도로 맛있다고 해서 붙여진 이름이에요. 레몬처럼 새콤한 맛을 내는 재료와 얇게 설탕 코팅한 아이싱이 특징이랍니다.

① 레몬

오랫동안 사랑받아온 만큼 맛은 보장할 수 있어요.
새콤달콤하면서 맛있는 살구잼 코팅과 레몬 아이싱이 반죽의 건조를 막아주는 역할도 해요.

재료

- 버터 90g
- 달걀 2개(약 100g)
- 그래뉴당 80g
- 박력분 80g
- 레몬 과즙 20cc
- 레몬 껍질(간 것) 1/2개분
- 살구잼 50g
- 뜨거운 물 2작은술
- 레몬 껍질(채 친 것) 1/2개분
- 피스타치오(잘게 썬 것) 적당량
- 아이싱
  - 가루 설탕 50g
  - 레몬 과즙 20cc

미리 준비하기

▷ 파운드 틀에 오븐 시트를 깐다.

▷ 오븐은 180℃로 예열한다.

만드는 방법

STEP 1 버터를 냄비에 넣어 중불로 끓인 후 거름망에 걸러 보온해두기

STEP 2 다른 볼에 달걀과 그래뉴탕을 넣어 중탕하고 핸드믹서로 크림화하기

STEP 3 박력분을 체 쳐 넣고 주걱으로 섞기

STEP 4 응용 [STEP1]을 넣어 반죽에 윤기가 생길 때까지 주걱으로 섞은 다음 레몬 과즙과 레몬 껍질(간 것)을 넣고 대강 섞기

STEP 5 반죽을 틀에 담고 예열한 오븐에서 30~35분 굽기

STEP 6 구워진 케이크를 틀에서 꺼내고 시트는 붙인 채로 망에 올려 식히기

추가 7 **살구잼 시럽 바르기**
내열볼에 살구잼과 뜨거운 물을 넣고 랩을 씌워 전자레인지로 30초 정도(끓어오를 때까지) 가열하고 거름망에 걸러 살구잼 시럽을 만든다. 시트를 벗겨 케이크의 부풀어 오른 부분을 잘라 내고(이 면이 아래가 된다.), 솔로 시럽을 전체에 얇게 바른 후 말린다.

추가 8 **아이싱하기**
가루 설탕에 레몬 과즙을 조금씩 넣으면서 숟가락으로 걸쭉해질 때까지 섞어 아이싱을 만든다. 케이크의 윗면에 아이싱을 뿌리고 200℃로 예열한 오븐에서 2~3분 가열하여 아이싱을 굳힌다. 레몬 껍질(체 친 것)과 피스타치오(있는 경우)를 뿌린다.

*여기에서 사용한 아이싱은 '글래스 아 로'라 불려요. 수분이 많기 때문에 반죽에 스며들지 않도록 살구잼을 먼저 발라야 해요. 77쪽과 79쪽에서 쓰이는 아이싱은 수분이 적으므로 살구잼은 필요 없습니다.

레몬 + 허브

② 레몬 + 허브

표면에 노릇노릇해진 허브 잎이 이 케이크의 포인트예요.
한 입 베어 물면 허브향을 느낄 수 있어요.

재료

- 버터 90g
- 달걀 2개(약 100g)
- 그래뉴당 80g
- 박력분 80g
- 레몬 과즙 20cc
- 레몬 껍질(간 것) 1/2개분
- 레몬버베나 잎 10장
- 민트 잎 10장

미리 준비하기

- 파운드 틀에 오븐 시트를 깐다.
- 오븐은 180℃로 예열한다.

만드는 방법

STEP 1 버터를 냄비에 넣어 중불로 끓인 후 거름망에 걸러 보온해두기

STEP 2 다른 볼에 달걀과 그래뉴당을 넣어 중탕하고 핸드믹서로 크림화하기

STEP 3 박력분을 체 쳐 넣고 주걱으로 섞기

STEP 4 응용 [STEP1]을 넣어 반죽에 윤기가 생길 때까지 주걱으로 섞은 다음 레몬 과즙과 레몬 껍질을 넣고 대강 섞기

STEP 5 응용 **허브 잎과 반죽을 틀에 담고 예열한 오븐에서 30~35분 굽기**
시트 안쪽에 반죽을 조금 묻혀 레몬버베나와 민트 잎 각 8장씩을 붙이고 떨어지지 않도록 신중히 반죽을 틀에 담는다. 나머지는 위에 뿌린다.

STEP 6 구워진 케이크를 틀에서 꺼내고 시트는 붙인 채로 망에 올려 식히기

파인애플 + 라임

③ 파인애플 + 라임

달콤한 파인애플 통조림에 산뜻한 라임과 요거트를 더해 보세요.
플레인 요거트가 들어가서 식감이 더욱 부드러워졌어요.

재료

- ◈ 버터 50g
- ◈ 달걀 2개(약 100g)
- ◈ 그래뉴당 80g
- ◈ 박력분 80g
- ◈ 플레인 요거트(무가당) 60g
- ◈ 파인애플(통조림) 과육 120g
- ◈ 키르슈 1작은술
- ◈ 라임 껍질(간 것) 1/2개분

미리 준비하기

- ▷ 키친페이퍼를 깐 만능 체에 플레인 요거트를 올려 1시간 정도 두고 물기를 뺀다(ⓐ).
- ▷ 파인애플은 물기를 없애고 잘게 다진 후 키르슈를 뿌린다.
- ▷ 파운드 틀에 오븐 시트를 깐다.
- ▷ 오븐은 180℃로 예열한다.

ⓐ

만능 체 아래에 볼을 댄다. 물기를 다 빼면 요거트는 30g 정도가 된다. 커피 드리퍼로도 가능하다.

만드는 방법

STEP 1 버터를 냄비에 넣어 중불로 끓인 후 거름망에 걸러 보온해두기

STEP 2 다른 볼에 달걀과 그래뉴탕을 넣어 중탕하고 핸드믹서로 크림화하기

STEP 3 박력분을 체 쳐 넣고 주걱으로 섞기

STEP 4 응용 [STEP1]을 넣어 반죽에 윤기가 생길 때까지 주걱으로 섞은 다음 플레인 요거트와 파인애플, 라임 껍질을 넣고 대강 섞기

STEP 5 반죽을 틀에 담고 예열한 오븐에서 30~35분 굽기

STEP 6 구워진 케이크를 틀에서 꺼내고 시트는 붙인 채로 망에 올려 식히기

＊플레인 요거트와 파인애플은 물기를 확실히 제거해주세요. 물기가 남아 있으면 반죽이 흐물거려 잘 부풀어 오르지 않습니다.
＊플레인 요거트가 들어가는 만큼 버터를 줄여 단맛을 조절했습니다.

△
유자

④ 유자

필링과 아이싱을 위해 유자 1개를 모두 사용했어요.
유자 특유의 상큼하면서도 달짝지근한 맛으로 행복해져요.

재료

- ◈ 버터 90g
- ◈ 달걀 2개(약 100g)
- ◈ 그래뉴당 80g
- ◈ 박력분 80g
- ◈ 유자 과즙 1/2개분
- ◈ 유자 껍질(간 것) 1개분
- ◈ 아이싱
  - 가루 설탕 4큰술
  - 유자 과즙 1/2큰술

미리 준비하기

- ▷ 파운드 틀에 오븐 시트를 깐다.
- ▷ 오븐은 180℃로 예열한다.

만드는 방법

STEP 1 버터를 냄비에 넣어 중불로 끓인 후 거름망에 걸러 보온해두기

STEP 2 다른 볼에 달걀과 그래뉴당을 넣어 중탕하고 핸드믹서로 크림화하기

STEP 3 박력분을 체 쳐 넣고 주걱으로 섞기

STEP 4 응용 [STEP1]을 넣어 반죽에 윤기가 생길 때까지 주걱으로 섞은 다음 유자 과즙과 유자 껍질을 넣고 대강 섞기

STEP 5 반죽을 틀에 담고 예열한 오븐에서 30~35분 굽기

STEP 6 구워진 케이크를 틀에서 꺼내고 시트는 붙인 채로 망에 올려 식히기

추가 7 **아이싱하기**

가루 설탕에 유자 과즙을 조금씩 넣으면서 숟가락으로 걸쭉해질 때까지 섞어 아이싱을 만든다. 시트를 벗겨낸 케이크 윗면에 아이싱을 뿌리고 굳힌다.

영귤 + 고수

⑤ 영귤 + 고수

덜 익은 초록빛 영귤을 넣어 새콤함을 더했어요.
고수를 듬뿍 넣었지만 특유의 향이 없어져 먹기 쉬워요.

재료

◈ **버터 90g**
◈ **달걀 2개(약 100g)**
◈ **그래뉴당 80g**
◈ **박력분 80g**
◈ **고수(잘게 썬 것) 30g**
◈ **영귤 과즙 2개분**
◈ **영귤 껍질(간 것) 1개분**
◈ **영귤 껍질(채 친 것) 약간**
◈ **아이싱**
- 가루 설탕 4큰술
- 영귤 과즙 1/2큰술

미리 준비하기

▷ 파운드 틀에 오븐 시트를 깐다.

▷ 오븐은 180℃로 예열한다.

만드는 방법

STEP 1 버터를 냄비에 넣어 중불로 끓인 후 거름망에 걸러 보온해두기

STEP 2 다른 볼에 달걀과 그래뉴당을 넣어 중탕하고 핸드믹서로 크림화하기

STEP 3 박력분을 체 쳐 넣고 주걱으로 섞기

STEP 4 응용 [STEP1]을 넣어 반죽에 윤기가 생길 때까지 주걱으로 섞은 다음 고수와 영귤 과즙, 영귤 껍질(간 것)을 넣고 대강 섞기

STEP 5 반죽을 틀에 담고 예열한 오븐에서 30~35분 굽기

STEP 6 구워진 케이크를 틀에서 꺼내고 시트는 붙인 채로 망에 올려 식히기

추가 7 **아이싱하기**

가루 설탕에 영귤 과즙을 조금씩 넣으면서 숟가락으로 걸쭉해질 때까지 섞어 아이싱을 만든다. 시트를 벗겨낸 케이크 윗면에 아이싱을 뿌리고 영귤 껍질(채 친 것)을 올린 후 굳힌다.

2
응용 레시피

반죽에 향을 더하다

폭신폭신한 식감의 반죽에 다양한 향을 더해 보세요.
반죽에 홍차나 마일로 등을 섞어 넣을 뿐이라서 가볍게 만들 수 있어요. 간단한 아이디어로 전혀 다른 케이크가 완성된답니다.

① 장미

이보다 로맨틱한 케이크가 있을까요?
각별한 화려함을 느낄 수 있다면 조금 번거로운 재료 준비도 기꺼이 할 수 있어요.
선물로도 아주 좋답니다. 식용 장미가 있다면 설탕에 버무린 장미로 꼭 만들어보세요.

재료

- **버터 80g**
- **달걀 2개(약 100g)**
- **그래뉴당 50g**
- **박력분 70g**
- **장미 파우더(ⓐ) 1/2큰술**
- **장미 시럽(ⓐ) 2큰술**
- **아이싱**
  - 가루 설탕 25g
  - 장미 시럽 2작은술
- **설탕에 버무린 장미**
  - 달걀흰자 1개분
  - 물 2작은술
  - 식용 장미 꽃잎 10장
  - 그래뉴당 적당량

전날 준비하기

▷ **설탕에 버무린 장미 만들기** 달걀흰자와 물을 섞어 솔로 꽃잎에 바른다. 쉽적한 접시에 그래뉴당을 뿌리고 꽃잎을 버무린 후 상온에 하룻밤 두어 말린다.

미리 준비하기

▷ 파운드 틀에 오븐 시트를 깐다.

▷ 오븐은 180℃로 예열한다.

만드는 방법

STEP 1 버터를 냄비에 넣어 중불로 끓인 후 거름망에 걸러 보온해두기

STEP 2 다른 볼에 달걀과 그래뉴탕을 넣어 중탕하고 핸드믹서로 크림화하기

STEP 3 응용 박력분과 장미 파우더를 체 쳐 넣어 주걱으로 섞은 다음 장미 시럽을 넣고 대강 섞기

STEP 4 [STEP1]을 넣어 반죽에 윤기가 생길 때까지 주걱으로 전체를 섞기

STEP 5 반죽을 틀에 담고 예열한 오븐에서 30~35분 굽기

STEP 6 구워진 케이크를 틀에서 꺼내고 시트는 붙인 채로 망에 올려 식히기

추가 7 **아이싱하기**
가루 설탕에 장미 시럽을 조금씩 넣으면서 숟가락으로 걸쭉해질 때까지 섞어 아이싱을 만든다. 시트를 벗겨낸 케이크 윗면에 아이싱을 뿌리고 굳힌다.

추가 8 접시에 옮긴 후 설탕에 버무린 장미 뿌리기

ⓐ

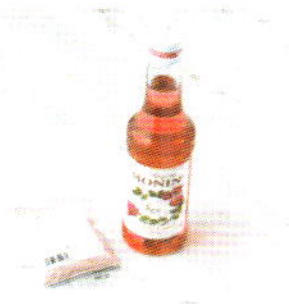

장미 시럽은 '모닌', 장미 파우더는 '생활의 나무'의 '로즈 허브 파우더(식용)'를 사용했다. 제과재료점이나 온라인숍 등에서 살 수 있다.

* 설탕에 버무린 장미 만드는 방법을 응용하여 다른 식용꽃도 만들어 보세요.
* 단맛이 있는 장미 시럽의 양만큼 그래뉴당의 양을 적게 했습니다.
* 사진에서는 마지막에 로즈핑크 허브티를 뿌렸어요. 없어도 괜찮아요.

② 차이

향신료가 풍부한 오리엔탈 스타일의 케이크예요.
연유 아이싱과 조합하면 농후한 홍차의 풍미가 한층 더 돋보인답니다.

재료

- **버터 90g**
- **달걀 2개(약 100g)**
- **그래뉴당 80g**
- **박력분 80g**
- **홍차 잎(분말, 실론 혹은 아삼) 1큰술**
- **홍차액(ⓐ)**
- **팔각 적당량**
- **향신료 파우더**
  - 시나몬 파우더, 카더몬 파우더, 넛메그 파우더, 진저 파우더 합쳐서 2/3작은술
- **토핑용 향신료 파우더**
  - 시나몬 파우더, 카더몬 파우더 약간씩
- **아이싱**
  - 버터 1/2큰술
  - 연유 2큰술
  - 가루 설탕 20g

미리 준비하기

▷ 아이싱용 버터와 연유는 실온에 두어 부드럽게 한다.

▷ 파운드 틀에 오븐 시트를 깐다.

▷ 오븐은 180℃로 예열한다.

ⓐ

실론 혹은 아삼 티백 1개를 뜨거운 물 50cc에 넣어 짠다. 마지막까지 손으로 확실히 짜낸다.

만드는 방법

STEP 1 버터를 냄비에 넣어 중불로 끓인 후 거름망에 걸러 보온해두기

STEP 2 다른 볼에 달걀과 그래뉴당을 넣어 중탕하고 핸드믹서로 크림화하기

STEP 3 응용 박력분과 홍차 잎, 향신료 파우더를 체 쳐 넣어 주걱으로 섞은 다음 홍차액을 넣고 대강 섞기

STEP 4 [STEP1]을 넣어 반죽에 윤기가 생길 때까지 주걱으로 전체를 섞기

STEP 5 반죽을 틀에 담고 예열한 오븐에서 30~35분 굽기

STEP 6 구워진 케이크를 틀에서 꺼내고 시트는 붙인 채로 망에 올려 식히기

추가 7 **아이싱하기**

재료를 모두 합쳐 숟가락으로 걸쭉해질 때까지 섞어 아이싱을 만든다. 시트를 벗겨낸 케이크 윗면에 아이싱을 뿌린다. 토핑용 향신료 파우더를 뿌리고, 팔각이 있는 경우 올려서 아이싱을 굳힌다.

＊홍차 잎은 티백인 경우 그대로 꺼내 사용하고, 찻잎이라면 랩으로 감싸 절굿공이 등으로 빻아 분말 형태로 만들어 사용합니다.

③ 마일로

추억의 마일로입니다.
쇼콜라, 코코아와는 다른 부드러운 단맛이 살아나요.

재료

- **버터 90g**
- **달걀 2개(약 100g)**
- **그래뉴당 70g**
- **박력분 90g**
- **베이킹파우더 1/2작은술**
- **A**
  - 마일로 50g
  - 우유 1과 1/2큰술

미리 준비하기

- A의 마일로가 우유에 녹을 때까지 잘 섞는다.
- 파운드 틀에 오븐 시트를 깐다.
- 오븐은 180℃로 예열한다.

만드는 방법

STEP 1 버터를 냄비에 넣어 중불로 끓인 후 거름망에 걸러 보온해두기

STEP 2 다른 볼에 달걀과 그래뉴당을 넣어 중탕하고 핸드믹서로 크림화하기

STEP 3 응용 박력분과 베이킹파우더를 체 쳐 넣어 주걱으로 섞은 다음 2큰술 양을 덜어 A와 한 번 섞은 후 나머지 양도 합쳐서 대강 섞기

STEP 4 [STEP1]을 넣어 반죽에 윤기가 생길 때까지 주걱으로 전체를 섞기

STEP 5 반죽을 틀에 담고 예열한 오븐에서 30~35분 굽기

STEP 6 구워진 케이크를 틀에서 꺼내고 시트는 붙인 채로 망에 올려 식히기

＊마일로가 들어가는 만큼 그래뉴당을 줄여 단맛을 조절했습니다.
＊우유가 들어가는 만큼 박력분을 늘려 수분을 조절했습니다.

④ 시로미소 + 유자

흰 된장을 뜻하는 시로미소는 달짝지근하고 부드러운 맛이 특징이에요.
시로미소의 농후한 단맛과 폭신폭신한 반죽이 잘 어우러진 일본 스타일의 케이크랍니다.

재료

- **버터 90g**
- **달걀 2개(약 100g)**
- **그래뉴당 80g**
- **박력분 80g**
- **베이킹파우더 1/2작은술**
- **백겨자 1큰술**
- **A**
  - 시로미소 50g
  - 유자 잼 25g
  - 유자 껍질(간 것) 1개분

미리 준비하기

▷ A의 재료를 잘 섞는다.

▷ 파운드 틀에 오븐 시트를 깐다.

▷ 오븐은 180℃로 예열한다.

만드는 방법

STEP 1 버터를 냄비에 넣어 중불로 끓인 후 거름망에 걸러 보온해두기

STEP 2 응용 다른 볼에 달걀과 그래뉴탕을 넣어 중탕하고 핸드믹서로 크림화 한 다음 2큰술 양을 덜어 A와 한 번 섞은 후 나머지 양도 합쳐서 대강 섞기

STEP 3 응용 박력분과 베이킹파우더를 체 쳐 넣고 주걱으로 섞기

STEP 4 [STEP1]을 넣어 반죽에 윤기가 생길 때까지 주걱으로 전체를 섞기

STEP 5 응용 반죽을 틀에 담고 백겨자를 뿌린 후 예열한 오븐에서 30~35분 굽기

STEP 6 구워진 케이크를 틀에서 꺼내고 시트는 붙인 채로 망에 올려 식히기

△

카시스 + 라벤더

3
응용 레시피

과일을 넣다

잘게 썬 과일이나 작은 알맹이 과일을 넣어 보세요.
식감에 포인트를 주면서 과일의 상큼한 풍미를 느낄 수 있어요.
반죽이 가볍기 때문에 무거운 과일은 넣을 수 없어요.

① 카시스 + 라벤더

케이크 위에 곁들인 바삭바삭한 라벤더를 입에 머금으면 향이 부드럽게 퍼져요.
산미가 강한 카시스와 만나 세련된 맛을 느낄 수 있어요.

재료

- 버터 90g
- 달걀 2개(약 100g)
- 그래뉴당 80g
- 박력분 80g
- 카시스(냉동) 80g
- 라벤더 허브티 잎(ⓐ) 4작은술

미리 준비하기

- ▷ 파운드 틀에 오븐 시트를 깐다.
- ▷ 오븐은 180℃로 예열한다.

ⓐ

'생활의 나무'의 '오가닉 허브티 라벤더'를 사용.

만드는 방법

STEP 1 버터를 냄비에 넣어 중불로 끓인 후 거름망에 걸러 보온해두기

STEP 2 다른 볼에 달걀과 그래뉴당을 넣어 중탕하고 핸드믹서로 크림화하기

STEP 3 응용 박력분을 체 쳐 넣고 허브티 잎 1/2 양을 넣은 후 주걱으로 섞기

STEP 4 [STEP1]을 넣어 반죽에 윤기가 생길 때까지 주걱으로 전체를 섞기

STEP 5 응용 **반죽을 틀에 담고 카시스 등을 뿌린 후 예열한 오븐에서 30~35분 굽기**

반죽을 틀에 담고 카시스 1/2 양을 뿌리고 예열한 오븐에서 10분 정도 구운 후 오븐에서 꺼낸다. 나머지 카시스와 허브티 잎을 뿌리고 오븐에 다시 넣어 20~25분 정도 더 굽는다.

STEP 6 구워진 케이크를 틀에서 꺼내고 시트는 붙인 채로 망에 올려 식히기

* 카시스는 해동해서 사용하면 물기가 생겨 반죽을 변질시킬 위험성이 있고 반죽의 색도 나빠집니다. 반드시 냉동 상태로 사용해주세요.
* 반죽 위에 뿌린 카시스는 서서히 가라앉습니다. 처음에 모든 양을 넣어버리면 바닥에 깔려 굳기 때문에 처음에는 분량의 절반, 10분 정도 구운 시점에서 나머지 절반의 양을 넣었어요.

△
자몽

② 자몽

자몽 특유의 새콤한 맛에 흠뻑 빠져보세요.
과육째로 넣었기 때문에 입안에서 톡톡 터지는 식감을 느낄 수 있어요.

재료

◈ **버터 90g**
◈ **달걀 2개(약 100g)**
◈ **그래뉴당 80g**
◈ **박력분 80g**
◈ **자몽 조림**
- 자몽 1개(100g 기준)
- 그래뉴당 40g
- 그랑 마르니에 2작은술

미리 준비하기

▷ **자몽 조림 만들기** 자몽 껍질과 속껍질을 제거하고(ⓐ·ⓑ), 과육과 그래뉴당을 작은 냄비에 넣어 중불에서 7~8분, 주걱으로 섞어 뭉개면서 조린다. 식힌 후 걸쭉해졌으면 그랑 마르니에를 넣어 빠르게 섞는다.

▷ 파운드 틀에 오븐 시트를 깐다.

▷ 오븐은 180℃로 예열한다.

ⓐ

ⓑ
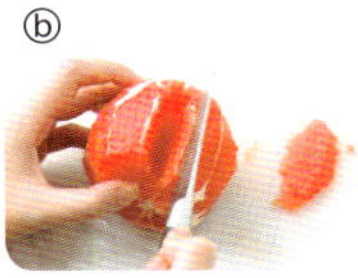

과도로 표면의 껍질을 속껍질째 잘라낸다. 속껍질과 과육 사이에 칼집을 넣어 하나씩 잘라간다.

만드는 방법

STEP 1 버터를 냄비에 넣어 중불로 끓인 후 거름망에 걸러 보온해두기

STEP 2 다른 볼에 달걀과 그래뉴탕을 넣어 중탕하고 핸드믹서로 크림화하기

STEP 3 박력분을 체 쳐 넣고 주걱으로 섞기

STEP 4 응용 [STEP1]을 넣어 반죽에 윤기가 생길 때까지 주걱으로 전체를 섞은 다음 자몽 조림을 넣고 대강 섞기

STEP 5 반죽을 틀에 담고 예열한 오븐에서 30~35분 굽기

STEP 6 구워진 케이크를 틀에서 꺼내고 시트는 붙인 채로 망에 올려 식히기

* 자몽 1개의 과육과 그래뉴당을 10:4 비율로 정하여 단맛을 조절했습니다. 과육의 양에 따라 그래뉴당의 양을 조절해주세요.

△
라즈베리

③ 라즈베리

새콤달콤하면서 산뜻한 뒷맛과 톡톡 씹히는 식감이 포인트예요.
남녀노소 모두 즐길 수 있고 빨간 색감이 인상적인 케이크랍니다.

재료

◈ **버터 90g**
◈ **달걀 2개(약 100g)**
◈ **그래뉴당 80g**
◈ **박력분 80g**
◈ **라즈베리(냉동) 30g**
◈ **레몬 껍질(간 것) 1개분**

미리 준비하기

▷ 파운드 틀에 오븐 시트를 깐다.
▷ 오븐은 180℃로 예열한다.

만드는 방법

STEP 1 버터를 냄비에 넣어 중불로 끓인 후 거름망에 걸러 보온해두기

STEP 2 다른 볼에 달걀과 그래뉴탕을 넣어 중탕하고 핸드믹서로 크림화하기

STEP 3 박력분을 체 쳐 넣고 주걱으로 섞기

STEP 4 응용 [STEP1]을 넣어 반죽에 윤기가 생길 때까지 주걱으로 섞은 다음 레몬 껍질(간 것)과 손으로 가볍게 으깬 라즈베리를 넣고 대강 섞기

STEP 5 반죽을 틀에 담고 예열한 오븐에서 30~35분 굽기

STEP 6 구워진 케이크를 틀에서 꺼내고 시트는 붙인 채로 망에 올려 식히기

* 큐브 모양으로 자르면 라즈베리의 색감이 더욱 잘 보이고 귀여워요.

△

바나나 + 카더몬

④ 바나나 + 카더몬

새콤달콤하면서 산뜻한 뒷맛과 톡톡 씹히는 식감이 포인트예요.
남녀노소 모두 즐길 수 있고 빨간 색감이 인상적인 케이크랍니다.

재료

- **버터 90g**
- **달걀 2개(약 100g)**
- **그래뉴당 80g**
- **박력분 80g**
- **캐러멜 바나나**
  - 바나나 알맹이 80g
  - 버터 1작은술
  - 그래뉴당 1큰술
  - 카더몬 파우더 약간

미리 준비하기

▷ **캐러멜 바나나 만들기** 바나나는 폭 1cm로 둥근썰기 한다. 냄비에 버터와 그래뉴당을 넣어 중불로 끓이고 옅은 갈색이 되면 약불로 내리고 바바나를 넣어 주걱으로 뭉개면서 조린다. 걸쭉해지면 불에서 내려 식히고 카더몬 파우더를 넣어 재빨리 섞는다.

▷ 파운드 틀에 오븐 시트를 깐다.

▷ 오븐은 180℃로 예열한다.

만드는 방법

STEP 1 버터를 냄비에 넣어 중불로 끓인 후 거름망에 걸러 보온해두기

STEP 2 다른 볼에 달걀과 그래뉴탕을 넣어 중탕하고 핸드믹서로 크림화하기

STEP 3 박력분을 체 쳐 넣고 주걱으로 섞기

STEP 4 응용 [STEP1]을 넣어 반죽에 윤기가 생길 때까지 주걱으로 섞은 다음 캐러멜 바나나를 넣고 대강 섞기

STEP 5 반죽을 틀에 담고 예열한 오븐에서 30~35분 굽기

STEP 6 구워진 케이크를 틀에서 꺼내고 시트는 붙인 채로 망에 올려 식히기

＊카더몬 파우더 대신 시나몬 파우더나 넛메그 파우더를 사용해도 좋아요.

△
금귤 + 흰깨

⑤ 금귤 + 흰깨

일본식 마멀레이드인 금귤 조림으로 만들어 본 상큼한 케이크예요.
과하지 않은 새콤달콤함과 금귤의 노란 색감이 사랑스러워요.

재료

- **버터 90g**
- **달걀 2개(약 100g)**
- **그래뉴당 80g**
- **박력분 80g**
- **흰깨 1큰술**
- **금귤 조림**
  - 금귤 250g
  - 물 100cc
  - 그래뉴당 100g

미리 준비하기

▷ **금귤 조림 만들기** 금귤은 꼭지를 따고 세로로 반 잘라 씨를 제거한다. 냄비에 금귤과 물을 넣어 중불에서 5분 정도 끓인다. 그래뉴당을 넣고 약불로 내려 15분 정도 더 조린 후 불을 끄고 식히면 완성. 금귤 조림 100g을 덜어 사용하고 나머지는 냉장 보관한다. 물기를 없앤 후 1/2 양은 4등분으로 자르고 나머지는 잘게 썬다.

▷ 파운드 틀에 오븐 시트를 깐다.

▷ 오븐은 180℃로 예열한다.

만드는 방법

STEP 1 버터를 냄비에 넣어 중불로 끓인 후 거름망에 걸러 보온해두기

STEP 2 다른 볼에 달걀과 그래뉴당을 넣어 중탕하고 핸드믹서로 크림화하기

STEP 3 박력분을 체 쳐 넣고 주걱으로 섞기

STEP 4 응용 [STEP1]을 넣어 반죽에 윤기가 생길 때까지 주걱으로 섞은 다음 잘게 썬 금귤 조림을 넣고 대강 섞기

STEP 5 응용 반죽을 틀에 담고 흰깨와 4등분으로 자른 금귤 조림을 뿌린 후 예열한 오븐에서 30~35분 굽기

STEP 6 구워진 케이크를 틀에서 꺼내고 시트는 붙인 채로 망에 올려 식히기

＊남은 금귤 조림은 소독한 병에 넣어 냉장 보관합니다. 가장 맛있게 즐길 수 있는 기간은 1개월 정도입니다. 물에 타서 먹거나 요거트에 토핑하는 등 다양한 방법으로 먹을 수 있어요.

△

레몬 크림 샌드위치

4 응용 레시피

사이에 넣다

반죽 사이에 크림이나 잼을 넣어 보세요.
식감이 풍부해지고 파운드케이크라고는 생각할 수 없는 화려한 맛과 비주얼을 즐길 수 있어요.

① 레몬 크림 샌드위치

농후한 레몬 크림의 비주얼이 돋보이는 케이크예요.
크림이 사이로 조금 튀어나와 있어도 신경 쓰지 마세요. 크림은 듬뿍 발라야 제맛이니까요.

재료

- **버터 90g**
- **달걀 2개(약 100g)**
- **그래뉴당 80g**
- **박력분 60g**
- **옥수수 전분 20g**
- **레몬 껍질(채 친 것) 약간**
- **<레몬 크림>**
  - 달걀 1개(약 50g)
  - 옥수수 전분 2작은술
  - 그래뉴당 40g
  - 레몬 과즙 50cc
  - 레몬 껍질(간 것) 약간
  - 버터 20g
- **아이싱**
  - 가루 설탕 4큰술
  - 레몬 과즙 1/2큰술

미리 준비하기

▷ 레몬 크림용 달걀은 실온에 두고 풀어둔다.

▷ 파운드 틀에 오븐 시트를 깐다.

▷ 오븐은 180℃로 예열한다.

＊식감을 더욱 가볍게 하기 위해 박력분을 줄이고 옥수수 전분을 넣었습니다.

＊케이크를 3등분으로 자르는 것이 약간 어려울 수도 있습니다. 브레드 나이프를 세심하게 앞뒤로 움직이며 힘을 많이 주지 말고 부드럽게 잘라주세요.

만드는 방법

STEP 1 버터를 냄비에 넣어 중불로 끓인 후 거름망에 걸러 보온해두기

STEP 2 다른 볼에 달걀과 그래뉴당을 넣어 중탕하고 핸드믹서로 크림화하기

STEP 3 응용 박력분과 옥수수 전분을 체 쳐 넣고 주걱으로 섞기

STEP 4 [STEP1]을 넣어 반죽에 윤기가 생길 때까지 주걱으로 전체를 섞기

STEP 5 반죽을 틀에 담고 예열한 오븐에서 30~35분 굽기

추가 레몬 크림 만들기

냄비에 달걀, 옥수수 전분, 그래뉴당을 넣어 거품기로 풀어 섞는다. 레몬 과즙과 레몬 껍질을 넣어 중불로 끓이면서 천천히 섞는다. 냄비를 기울였을 때 냄비바닥에 약간 크림이 남을 정도로 걸쭉해지면 불을 끈다. 버터를 넣어 잔열로 녹여 섞은 다음 볼에 걸러 넣어 잠깐 열기를 없앤 후 랩을 씌워 냉장실에 30분 넣어두고 식힌다.

STEP 6 구워진 케이크를 틀에서 꺼내고 시트는 붙인 채로 망에 올려 식히기

추가 7 레몬 크림 바르기

케이크의 시트를 벗기고 가로로 3등분하여 자른다. 가장 아래의 조각 윗면에 팔레트 나이프로 레몬 크림 1/2 양을 바르고 가운데 조각을 겹친 후 윗면에 나머지 레몬 크림을 바른다. 가장 위의 조각을 올리고 손으로 전체 모양을 다듬는다.

추가 8 아이싱하기

가루 설탕에 레몬 과즙을 조금씩 넣으면서 숟가락으로 걸쭉해질 때까지 섞어 아이싱을 만든다. 케이크 윗면에 아이싱을 뿌리고 레몬 껍질(체 친 것)을 올린 후 굳힌다.

② 빅토리안 샌드위치

빅토리아 여왕의 이름을 따서 만들어진 이 케이크는 영국에서 사랑받는 케이크 중 하나예요.
부디 홍차와 함께 여유롭게 즐겨주세요.

재료

- 버터 90g
- 달걀 2개(약 100g)
- 그래뉴당 80g
- 박력분 60g
- 옥수수 전분 20g
- 라즈베리 잼 75g
- 가루 설탕 적당량

미리 준비하기

- ▷ 파운드 틀에 오븐 시트를 깐다.
- ▷ 오븐은 180℃로 예열한다.

만드는 방법

STEP 1 버터를 냄비에 넣어 중불로 끓인 후 거름망에 걸러 보온해두기

STEP 2 다른 볼에 달걀과 그래뉴당을 넣어 중탕하고 핸드믹서로 크림화하기

STEP 3 응용 박력분과 옥수수 전분을 체 쳐 넣고 주걱으로 섞기

STEP 4 [STEP1]을 넣어 반죽에 윤기가 생길 때까지 주걱으로 전체를 섞기

STEP 5 반죽을 틀에 담고 예열한 오븐에서 30~35분 굽기

STEP 6 구워진 케이크를 틀에서 꺼내고 시트는 붙인 채로 망에 올려 식히기

추가 7 **라즈베리 잼 바르기**
케이크의 시트를 벗기고 가로로 3등분하여 자른다. 가장 아래의 조각 윗면에 숟가락 등으로 라즈베리 잼 1/2 양을 바르고 가운데 조각을 겹친 후 윗면에 나머지 라즈베리 잼을 바른다. 가장 위의 조각을 올리고 손으로 전체 모양을 다듬는다.

추가 8 먹기 직전에 차 거름망에 가루 설탕을 체 쳐 듬뿍 뿌리기

* 식감을 더욱 가볍게 하기 위해 박력분을 줄이고 옥수수 전분을 넣었습니다.
* 케이크를 3등분으로 자르는 것이 약간 어려울 수도 있습니다. 브레드 나이프를 세심하게 앞뒤로 움직이며 힘을 많이 주지 말고 부드럽게 잘라주세요.

③ 보스턴 크림 파이

'파이'라고 불리지만 엄연히 미국의 케이크예요.
특징은 사이에 발라진 커스터드 크림과 가나슈. 커스터드 크림은 전자레인지로 빠르게 만들 수 있어요.

재료

- **버터 90g**
- **달걀 2개(약 100g)**
- **그래뉴당 80g**
- **박력분 60g**
- **옥수수 전분 20g**
- **커스터드 크림**
  - 옥수수 전분 1과 1/2큰술
  - 그래뉴당 2큰술
  - 우유 60cc
  - 바닐라빈 1/4개
  - 달걀노른자 1개분
- **가나슈**
  - 생크림(유지방분 35%) 100cc
  - 커버처 초콜릿(카카오 함유 70%) 100g

미리 준비하기

▷ 식칼로 바닐라빈을 세로로 갈라 안의 씨를 빼둔다.

▷ 파운드 틀에 오븐 시트를 깐다.

▷ 오븐은 180℃로 예열한다.

*커버처 초콜릿은 발로나 사의 '과나하'를 사용했습니다.

만드는 방법

STEP 1 버터를 냄비에 넣어 중불로 끓인 후 거름망에 걸러 보온해두기

STEP 2 다른 볼에 달걀과 그래뉴탕을 넣어 중탕하고 핸드믹서로 크림화하기

STEP 3 응용 박력분과 옥수수 전분을 체 쳐 넣고 주걱으로 섞기

STEP 4 [STEP1]을 넣어 반죽에 윤기가 생길 때까지 주걱으로 전체를 섞기

STEP 5 반죽을 틀에 담고 예열한 오븐에서 30~35분 굽기

추가 **커스터드 크림 만들기**

내열 볼에 옥수수 전분과 그래뉴당을 넣어 거품기로 가볍게 섞는다. 우유와 바닐라빈, 씨를 넣어 랩을 씌우고(ⓐ), 전자레인지로 1분 30초 정도 가열한다. 뜨거울 때 거품기로 빠르게 섞고 달걀노른자를 넣어 다시 잘 섞는다. 다시 랩을 씌워 전자레인지로 15초 정도 가열하고 뭉치지 않도록 빠르게 섞는다(ⓑ). 바닐라빈을 빼고 랩을 씌워 냉장실에서 20분 정도 식힌다.

STEP 6 응용 구워진 케이크를 틀에서 꺼내고 부풀어 오른 부분을 아래로 두고 시트는 붙인 채로 망에 올려 식히기

추가 7 **커스터드 크림 바르기**

케이크의 시트를 벗기고 가로로 2등분하여 자른다. 아래의 조각 윗면에 숟가락 등으로 커스터드 크림을 바르고 위의 조각을 겹친 후 손으로 전체 모양을 다듬는다.

추가 8 **가나슈 뿌리기**

내열 볼에 생크림을 넣고 랩을 씌워 전자레인지로 1분 정도 가열한다. 뜨거울 때 잘게 자른 커버처 초콜릿을 넣고 주걱으로 가볍게 섞어 가나슈를 만든다. 케이크 윗면에 가나슈를 뿌리고 숟가락 등으로 넓게 발라 냉장실에 30분 정도 넣어두고 굳힌다.

ⓐ
 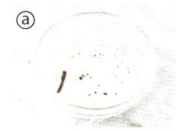
내열 볼은 작은 것이 좋다. 너무 크면 가열할 때 수분이 증발하기 쉽다.

ⓑ

들어 올리면 천천히 떨어져 끈이 남는 정도가 기준.

더 알아두기

아이싱

가루 설탕을 레몬 과즙 등으로 녹여 만드는 아이싱. 아삭아삭한 식감과 달콤한 맛 때문에 좋아하는 사람들이 많지요. 이 아이싱을 바를 때에는 몇 가지 방법이 있습니다. 66쪽의 위크엔드 케이크처럼 위에서 흘려 뿌리는 정도라면 간단하지만, 선을 깔끔하게 그릴 때는 약간의 요령이 필요해요. 그 요령을 담은 두 가지 방법을 소개할게요. 파운드 케이크는 물론, 비스킷이나 브리오슈, 크루아상 등의 빵에 뿌리거나 바르는 등 다양한 방법으로 즐겨보세요.

만드는 방법

작은 볼에 가루 설탕을 넣고 중앙에 레몬 과즙 등 추가할 액상 재료를 넣는다. 중심부터 바깥쪽으로 서서히 퍼져나가도록 섞는다. 가루 설탕이나 액상 재료를 적당히 추가하면서 취향에 맞는 점도로 만든다.

바르는 방법 ① 코르네로 짜내기

오븐 시트로 '코르네'라 불리는 간단한 짤주머니를 만들어 약간 굳은 아이싱을 짜냅니다. 글자도 쓸 수 있어요.

1

오븐 시트를 사진과 같은 이등변삼각형으로 자른다.

2

한쪽 손으로 가장 긴 변의 중앙(여기가 끝부분이 된다.)을 누르면서 왼쪽 끝에서 안쪽으로 만다.

3

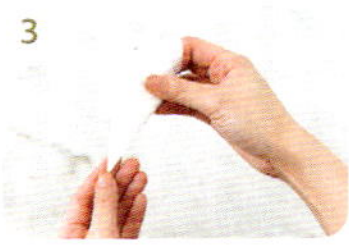

다 말았다면 끝부분이 확실히 뾰족해지도록 조인다.

4

위에 남은 부분을 안쪽으로 접어 넣는다.

5

아이싱이 끝부분으로 흘러나가지 않도록 조심하면서 코르네에 넣고 입구 부분을 말아 닫는다.

6

손가락으로 코르네를 눌러 아이싱을 짠다.

바르는 방법 ② 숟가락으로 흘리기

부드러운 아이싱은 숟가락으로 흘립니다. 적당히 러프한 느낌이 귀엽고 식감에 변화도 만들 수 있는 간단한 방법입니다.

1

숟가락으로 떠서 사선으로 흘려 떨어뜨린다.

2

숟가락 등으로 아이싱을 펼쳐 발라도 좋다.

3
CHAPTER

밥 대신 먹을 수 있는 케이크 살레

케이크 살레는 프랑스어로 '소금맛 케이크'라는 뜻이에요.
하나의 볼로 간단하게 만들 수 있기 때문에 프랑스에서 사랑받는 반찬 케이크지요.
가벼운 식사로 즐길 수 있고, 대접할 때에도 선보일 수 있는
맛있으면서 화려한 7가지 케이크 살레 레시피를 준비했습니다.

기본 레시피

케이크 살레 기본 레시피

볼에 재료를 차례대로 넣고 젓가락으로 섞기만 하면 되는 간단한 케이크 살레 기본 레시피입니다. 식사 대용 케이크이기 때문에 앞의 기본 레시피들과는 달리 속 재료가 들어가요. 여기서는 채 썬 당근이라는 뜻의 '캐롯 라페' 레시피를 속 재료로 응용해보았어요. 이 반죽은 많이 섞지 않는 것이 포인트예요. 이후의 응용 레시피는 기본 레시피를 토대로 일부 과정이 가감되므로 기본 레시피의 미리 준비하기와 만드는 방법을 꼼꼼하게 읽어 주세요.

재료

- **우유 50cc**
- **샐러드유 70cc**
- **달걀 2개(약 100g)**
- **박력분 100g**
- **베이킹파우더 3g(약 1/2작은술)**
- **가루치즈 40g**
- **소금 2g(약 1/4작은술)**
- **속재료**
  - 홀그레인 머스타드 2작은술
  - 당근 50g
  - 버터 1/2작은술
  - 그린 아스파라거스 9개(50g)
  - 로스햄 50g

미리 준비하기

속 재료는 미리 준비해둔다.

▷ 채소가 딱딱한 경우 미리 소테하거나 삶는 경우도 있습니다.

▷ 기본 레시피에서는 당근은 잘게 썰어 버터를 녹인 프라이팬에서 볶습니다. 그린 아스파라거스는 뜨거운 물(분량 외)을 끓인 냄비에서 30초~1분, 약간 딱딱한 정도로 소금을 쳐서 데치고 틀에 맞춰 자릅니다. 햄은 잘게 썰어두세요.

파운드 틀에 오븐 시트를 깐다.

▷ 오븐 시트는 틀에 맞춰 접선을 만들고 사진과 같이 네 군데에 가위집을 넣어 틀에 깔아 넣습니다.

▷ 이 반죽은 구워도 그렇게 높이가 높아지지 않으므로 오븐 시트의 높이는 틀 높이 정도로 맞추면 됩니다.

오븐은 180℃로 예열한다.

▷ 오븐 예열은 일반적으로 10분에서 15분 전에 시작합니다. 저는 [STEP2]쯤에서 예열을 시작했어요.

케이크의 높이는 그다지 높아지지 않아요. 속 재료에 따라 단면은 다양하게 나타나요. 색감을 살리기 위해 그린 아스파라거스를 배치하는 것처럼 다양하게 시도해보세요.

만드는 방법

STEP 1 계량컵에 우유, 샐러드유, 달걀을 순서대로 넣고 젓가락으로 섞기

- 볼이 아니라 계량컵에서 섞으면 계량을 동시에 할 수 있어 좋아요. [STEP3]에서 소량씩 넣을 때에도 편리합니다.
- 재료가 완전히 섞이지 않아도 괜찮아요.

STEP 2 볼에 박력분과 베이킹파우더를 체 쳐 넣고 가루치즈와 소금 넣기

- 가루류는 합쳐서 전체에 골고루 체 쳐 넣습니다.

STEP 3 [STEP2]에 [STEP1]을 조금씩 넣으면서 젓가락으로 바닥부터 떠서 올리듯 섞기

- 이 반죽은 거품기나 주걱보다 젓가락으로 섞는 것이 좋습니다. 거품기를 사용하면 너무 섞여서 질겨져요.
- 10번 정도 섞습니다. 가루가 보여도 괜찮아요.

STEP 4 속 재료를 넣어 반죽 전체에 골고루 퍼지도록 섞기

- 기본 레시피에서는 아스파라거스 이외의 속 재료를 넣어 섞습니다.

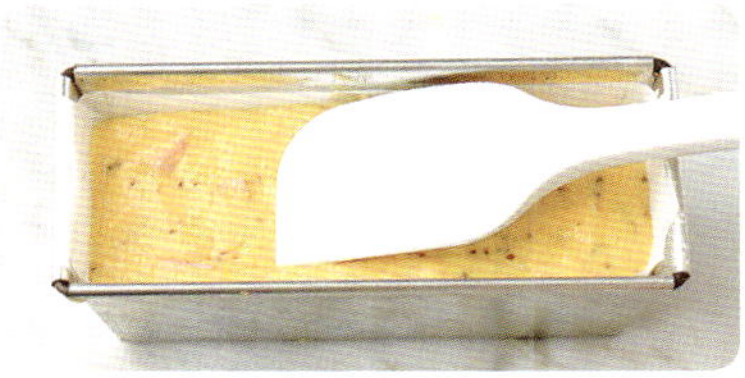

STEP 5 반죽을 틀에 담고 예열한 오븐에서 30~35분 굽기

- 반죽의 양은 틀 높이의 80% 정도 채우는 것이 적당합니다.
- 반죽의 표면은 주걱으로 평평하게 해주세요.
- 틀은 오븐판 중앙에 놓습니다.
- 예열한 오븐 문을 열면 재빨리 판을 올려주세요. 느긋하게 열거나 자주 여닫으면 오븐 안의 온도가 내려가요.
- 기본 레시피에서는 반죽의 1/3 양을 틀에 담고 아스파라거스 3개를 나란히 올립니다. 한 번 더 반복하고 나머지 반죽을 담은 후 표면을 주걱으로 평평하게 만듭니다. 나머지 아스파라거스를 올리고 예열한 오븐에서 30~35분 정도 굽습니다.

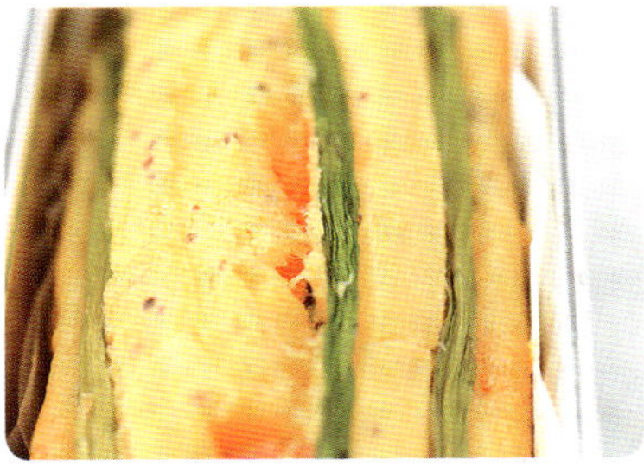

STEP 6 구워진 케이크를 틀에서 꺼내고 시트는 붙인 채로 망에 올려 식히거나 먹기

- 부풀어 오른 부분을 손가락으로 눌렀을 때 탄력이 느껴지고, 갈라진 부분이 충분히 건조하다면 잘 구워진 상태입니다. 덜 구워진 것 같으면 상태를 보며 5분 간격으로 더 구워주세요.
- 갓 구운 것을 바로 먹는 편이 가장 맛있습니다. 바로 먹지 않더라도 다 구우면 바로 틀에서 빼주세요.
- 식으면 랩을 씌워 밀폐용기에 상온 보관합니다. 속 재료에 따라 다르지만 2일 정도는 보존 가능하고, 더운 계절에는 그 날 안에 드세요. 이후에 두고 먹기 위해 냉장 보관해야 한다면 가능한 빨리 드시는 것이 좋아요. 수분이 날아가 퍼석퍼석해지기 때문입니다. 냉장 보관했던 것을 꺼내 먹을 때는 오븐 토스트로 데워 먹으면 맛있어요.

밥 대신 먹을 수 있는 케이크 살레

응용 레시피

카레, 카망베르 치즈, 올리브, 염소 치즈, 밥, 톳 등 다양한 속 재료를 넣어 케이크 살레를 만들어 봅시다.
기본 레시피를 응용하여 만들 수 있는 6가지 응용 레시피를 소개합니다.

1. 브로콜리 + 카레
2. 사과 + 카망베르
3. 토마토 + 올리브
4. 달걀 + 시금치 + 염소 치즈
5. 밥 + 일본식 허브
6. 톳

△
브로콜리 + 카레

1
응용 레시피

브로콜리 + 카레

소개하는 케이크 살레 중에서 저는 이 케이크를 가장 좋아해요. 카레의 은은한 매운 맛과 브로콜리의 확실한 존재감을 느낄 수 있거요. 애호박, 아스파라거스, 양배추, 컬리플라워 등 다양한 채소가 잘 어울리니 여러 가지 재료로 만들어보세요. 이 레시피에서는 카레가루와의 조화를 생각해서 가루치즈가 아닌 체다치즈를 사용했어요.

재료

- **우유 50cc**
- **샐러드유 70cc**
- **달걀 2개(약 100g)**
- **박력분 100g**
- **베이킹파우더 3g(약 1/2작은술)**
- **체다치즈(간 것) 60g**
- **카레가루 1/4작은술**
- **소금 2g(약 1/4작은술)**
- **브로콜리 100g**
- **카레 가루(토핑용) 약간**

미리 준비하기

- ▷ 브로콜리는 먹기 좋은 크기로 가른다. 많은 양의 뜨거운 물(분량 외)을 끓인 냄비에 소금과 함께 넣어 1분~1분 30초, 약간 딱딱한 정도로 데친다.
- ▷ 파운드 틀에 오븐 시트를 깐다.
- ▷ 오븐은 180℃로 예열한다.

만드는 방법

STEP 1 계량컵에 우유, 샐러드유, 달걀을 순서대로 넣고 젓가락으로 섞기

STEP 2 응용 볼에 박력분과 베이킹파우더를 체 쳐 넣고 체다치즈와 카레가루, 소금 넣기

STEP 3 [STEP2]에 [STEP1]을 조금씩 넣으면서 젓가락으로 바닥부터 떠서 올리듯 섞기

STEP 4 응용 브로콜리 2/3 양을 넣어 반죽 전체에 골고루 퍼지도록 섞기

STEP 5 응용 반죽을 틀에 담고 나머지 브로콜리를 올리고 토핑용 카레가루를 뿌린 후 예열한 오븐에서 30~35분 굽기

STEP 6 구워진 케이크를 틀에서 꺼내고 시트는 붙인 채로 망에 올려 식히거나 먹기

* 체다치즈를 사용하면 반죽이 약간 무거워지고 촉촉한 식감이 돼요. 폭신폭신하게 만들기 위해 가능한 잘게 갈아주세요.
* 다른 채소를 넣을 때도 분량은 100g이 기준입니다. 예를 들어 애호박으로 대체할 경우 작게 깍둑썰기하여 먹기 쉬운 사이즈로 만들고, 마찬가지로 한 번 데쳐 어느 정도 익힌 후에 반죽에 넣으세요. 위에 장식하는 용이라면 원형으로 잘라도 좋아요.
* 체다치즈를 레드체다로 대체할 경우 전체가 빨갛게 돼서 귀여워요.

△
사과 + 카망베르

2

응용 레시피

사과 + 카망베르

껍질째 소테로 조리한 사과는 단맛이 도드라져요.
짭짤한 카망베르는 사과의 단맛을 더욱 끌어내 주고요. 프랑스 노르망디 지방의 느낌을 담아 시드르(사과주)와 함께 드셔보세요.

재료

- 버터 1/2작은술
- 그래뉴당 1작은술
- 사과(홍옥) 100g(약 1/2개)
- 우유 50cc
- 샐러드유 70cc
- 달걀 2개(약 100g)
- 박력분 100g
- 베이킹파우더 3g(약 1/2작은술)
- 가루치즈 40g
- 소금 2g(약 1/4작은술)
- 카망베르 100g
- 로즈마리 잎 가지 2개분
- 호두 10g

미리 준비하기

- 카망베르는 한입 크기로 자른다.
- 호두는 손으로 적당히 부순다.
- **사과 소테 만들기** 사과는 잘 씻어 껍질째 두께 1cm로 십자썰기한다. 작은 냄비에 버터와 그래뉴당을 넣어 젓지 말고 중불로 끓인다. 옅은 갈색이 되면 사과를 넣어 조리고 흐물거리는 상태가 되면 그릇에 옮겨 식힌다.
- 파운드 틀에 오븐 시트를 깐다.
- 오븐은 180℃로 예열한다.

만드는 방법

STEP 1 계량컵에 우유, 샐러드유, 달걀을 순서대로 넣고 젓가락으로 섞기

STEP 2 볼에 박력분과 베이킹파우더를 체 쳐 넣고 가루치즈와 소금 넣기

STEP 3 [STEP2]에 [STEP1]을 조금씩 넣으면서 젓가락으로 바닥부터 떠서 올리듯 섞기

STEP 4 응용 로즈마리 1/2 양과 사과 소테, 카망베르를 넣어 반죽 전체에 골고루 퍼지도록 섞기

STEP 5 응용 반죽을 틀에 담고 호두와 나머지 로즈마리를 올린 후 예열한 오븐에서 30~35분 굽기

STEP 6 구워진 케이크를 틀에서 꺼내고 시트는 붙인 채로 망에 올려 식히거나 먹기

* 사과는 산미와 식감이 확실히 입에 남는 홍옥을 추천해요. 껍질째로 사용하니 잘 씻어 주세요.
* 시드르(사과주)뿐만 아니라 화이트와인과도 잘 어울려요. 파티 메뉴로 추천할게요.

3
응용 레시피

토마토 + 올리브

남프랑스를 떠올리게 만드는 케이크예요.
기름의 절반을 올리브오일을 사용해 감칠맛이 나고 토마토의 산미가 입안에 퍼지면서 뒷맛이 산뜻해요.

재료

◈ 우유 50cc
◈ 샐러드유 35cc
◈ 올리브 오일 35cc
◈ 달걀 2개(약 100g)
◈ 박력분 100g
◈ 베이킹파우더 3g(약 1/2작은술)
◈ 가루치즈 40g
◈ 소금 2g(약 1/4작은술)
◈ 방울토마토 10~12개
◈ 올리브(검은색) 10개
◈ 타임 가지 2개
◈ 굵은 후추 약간

미리 준비하기

▷ 방울토마토는 꼭지를 딴다.
▷ 올리브는 반으로 자르고 씨를 제거한다.
▷ 타임 가지 한 개는 잎만 사용하고, 나머지 한 개는 그대로 사용한다.
▷ 파운드 틀에 오븐 시트를 깐다.
▷ 오븐은 180℃로 예열한다.

만드는 방법

STEP 1 응용 계량컵에 우유, 샐러드유, 올리브오일, 달걀을 순서대로 넣고 젓가락으로 섞기

STEP 2 볼에 박력분과 베이킹파우더를 체 쳐 넣고 가루치즈와 소금 넣기

STEP 3 [STEP2]에 [STEP1]을 조금씩 넣으면서 젓가락으로 바닥부터 떠서 올리듯 섞기

STEP 4 응용 방울토마토 1/2 양, 올리브 1/2 양, 가지 1개분의 타임 잎, 후추를 넣어 반죽 전체에 골고루 퍼지도록 섞기

STEP 5 응용 반죽을 틀에 담고 올리브와 나머지 방울토마토, 타임 가지 한 개를 올린 후 예열한 오븐에서 30~35분 굽기

STEP 6 구워진 케이크를 틀에서 꺼내고 시트는 붙인 채로 망에 올려 식히거나 먹기

＊전부 올리브오일로 만들면 반죽이 무거워져요.
＊타임 이외의 허브도 취향대로 사용해보세요. 바질, 오레가노, 에르브 드 프로방스 등이 잘 어울려요.

달걀 + 시금치 + 염소 치즈

4 응용 레시피

달걀 + 시금치 + 염소 치즈

달걀과 시금치의 조합으로 피렌체 스타일 케이크를 만들어 보았어요. 봄의 축일 부활절에 먹는 달걀과 봄에 제철인 염소 치즈의 조합도 계절적으로 궁합을 이루어 맛을 더해주네요.

재료

- 우유 50cc
- 샐러드유 70cc
- 달걀 2개(약 100g)박력분 100g
- 베이킹파우더 3g(약 1/2작은술)
- 가루치즈 40g
- 넛메그파우더 약간
- 소금 2g(약 1/4작은술)
- 시금치 50g
- 메추리알 5~6개
- 염소 치즈 30g

미리 준비하기

▷ 시금치는 뜨거운 물(분량 외)을 끓인 냄비에 소금과 함께 넣어 1분 30초 정도 데친다. 소쿠리에 올려 물기를 짜고 잘게 썬다.

▷ 메추리알은 완숙으로 삶는다.

▷ 염소 치즈는 손으로 한입 크기로 찢는다.

▷ 파운드 틀에 오븐 시트를 깐다.

▷ 오븐은 180℃로 예열한다.

만드는 방법

STEP 1 계량컵에 우유, 샐러드유, 달걀을 순서대로 넣고 젓가락으로 섞기

STEP 2 응용 볼에 박력분과 베이킹파우더를 체 쳐 넣고 가루치즈와 넛메그 파우더, 소금 넣기

STEP 3 [STEP2]에 [STEP1]을 조금씩 넣으면서 젓가락으로 바닥부터 떠서 올리듯 섞기

STEP 4 응용 시금치, 메추리알, 염소 치즈를 반죽에 넣고 대강 섞기

STEP 5 반죽을 틀에 담고 예열한 오븐에서 30~35분 굽기

STEP 6 구워진 케이크를 틀에서 꺼내고 시트는 붙인 채로 망에 올려 식히거나 먹기

＊[STEP4]에서 시금치를 골고루 섞지 않는 편이 케이크의 단면에 모양이 생겨 예뻐요.

밥 + 푸른 차조기

5
응용 레시피

밥 + 푸른 차조기

밥과 빵이 모두 먹고 싶을 때 이 케이크를 만드세요!
반죽에 들어간 밥 덕분에 가벼운 식감이 되었어요. 위의 밥은 바삭바삭하게 구워져 마치 누룽지 같아요.

재료

- **우유 50cc**
- **샐러드유 70cc**
- **달걀 2개(약 100g)**
- **박력분 100g**
- **베이킹파우더 3g(약 1/2작은술)**
- **가루치즈 40g**
- **소금 2g(약 1/4작은술)**
- **식은 밥 100g**
- **푸른 차조기(잘게 썬 것) 10장분**
- **쪽파(잘게 썬 것) 30g**

미리 준비하기

▷ 파운드 틀에 오븐 시트를 깐다.

▷ 오븐은 180℃로 예열한다.

만드는 방법

STEP 1 계량컵에 우유, 샐러드유, 달걀을 순서대로 넣고 젓가락으로 섞기

STEP 2 볼에 박력분과 베이킹파우더를 체 쳐 넣고 가루치즈와 소금 넣기

STEP 3 [STEP2]에 [STEP1]을 조금씩 넣으면서 젓가락으로 바닥부터 떠서 올리듯 섞기

STEP 4 응용 밥의 2/3 양, 푸른 차조기, 쪽파를 반죽에 넣고 대강 섞기

STEP 5 응용 반죽을 틀에 담고 나머지 밥을 뿌린 후 예열한 오븐에서 30~35분 굽기

STEP 6 구워진 케이크를 틀에서 꺼내고 시트는 붙인 채로 망에 올려 식히거나 먹기

* 밥이 너무 뜨거우면 반죽을 상하게 해요. 조금 식힌 후에 반죽에 넣어주세요.

* 위에 뿌린 밥은 구우면 딱딱해지기 때문에 케이크를 자르기 힘들어요. 브레드 나이프를 미세하게 앞뒤로 움직이면서 천천히 잘라주세요.

* 취향에 따라 양하 1개분을 잘게 썰어 [STEP4]에 넣어도 맛있어요.

6
응용 레시피

톳

직접 만들고 남은 것도 좋고 반찬가게에서 산 것도 괜찮아요.
우엉 볶음이나 연근 조림으로 만들어도 좋아요. 여러분도 자신만의 오리지널 케이크 살레에 도전해보세요.

재료

- 우유 50cc
- 샐러드유 70cc
- 달걀 2개(약 100g)
- 박력분 100g
- 베이킹파우더 3g(약 1/2작은술)
- 가루치즈 40g
- 소금 2g(약 1/4작은술)
- 톳 조림(시판용) 50g

미리 준비하기

▷ 파운드 틀에 오븐 시트를 깐다.

▷ 오븐은 180℃로 예열한다.

만드는 방법

STEP 1 계량컵에 우유, 샐러드유, 달걀을 순서대로 넣고 젓가락으로 섞기

STEP 2 볼에 박력분과 베이킹파우더를 체 쳐 넣고 가루치즈와 소금 넣기

STEP 3 [STEP2]에 [STEP1]을 조금씩 넣으면서 젓가락으로 바닥부터 떠서 올리듯 섞기

STEP 4 응용 톳 조림을 반죽에 넣고 대강 섞기

STEP 5 반죽을 틀에 담고 예열한 오븐에서 30~35분 굽기

STEP 6 구워진 케이크를 틀에서 꺼내고 시트는 붙인 채로 망에 올려 식히거나 먹기

＊톳 조림은 시판용을 사용했어요. 톳 외에도 채소나 콩이 들어 있습니다.
＊다른 종류의 조림을 넣어도 분량은 50g이 기준입니다.

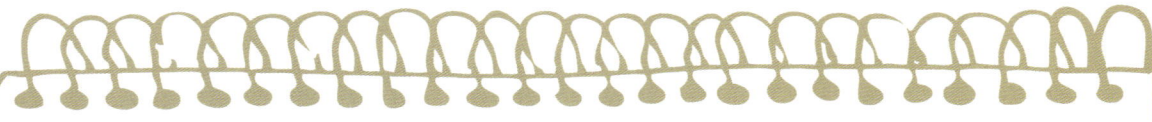

더 알아두기

랩핑

소분하기도 쉽고 오래 먹을 수 있는 파운드케이크는 선물하기 좋은 케이크 중 하나예요.
다양한 방법으로 예쁘게 랩핑해서 사랑하는 사람들에게 선물해보는 기쁨을 느껴 보세요.

① 랩핑 페이퍼로 감싸기

랩으로 감싼 파운드케이크를 랩핑페이퍼로 깔끔하게 포장했어요. 종이 끈으로 묶고 태그를 붙이면 수제 베이커리에서 사 온 것처럼 예뻐요.

② 런치 박스에 넣기

소분하거나 큐브 모양으로 자른 케이크를 런치 박스에 넣어보세요. 케이크 살레를 넣어 점심용 도시락으로 챙기거나 피크닉을 가도 좋을 것 같아요.

③ 클리어 박스에 넣기

투명 케이스에 소분한 케이크를 차곡차곡 겹쳐 담아 보세요. 리본은 케이크 필링과 색을 맞추는 것이 무난하면서도 센스 있어요. 사진에서는 카시스+라벤더 케이크에 맞춰 보라색 체크 리본을 사용했어요

④ 끈으로 케이크의 특색을 담기

소분한 케이크를 OPP봉투에 넣어 종이봉투에 담고, 케이크의 특색을 드러낸 끈으로 묶어보세요. 사진에서는 다크 체리 케이크에 맞춰 시중에 판매하는 방울로 체리를 표현했어요.

⑤ 왁스지 봉투에 넣기

오븐 시트를 칸막이로 사용했어요. 한 조각씩 꺼내기 쉬울 뿐만 아니라 손을 더럽히지 않고 편리하게 먹을 수 있어요. 같은 봉투를 겹쳐 뚜껑으로 만듭니다.

랩핑 제작/미치히로 테츠코

4
CHAPTER

파운드 틀로 만들 수 있는 다양한 케이크

쇼크케이크라고 해서 꼭 원형 케이크 틀로 구울 필요는 없어요.

푸딩이라고 해서 꼭 푸딩 틀로 만들 필요도 없지요.

파운드 틀로 구우면 다양한 케이크를 귀여운 모양으로 손쉽게 구울 수 있답니다.

1 블루베리 케이크 빵

사워크림과 요거트가 들어간 산뜻한 케이크 빵이에요.
안에서 톡톡 터지는 양귀비 씨 알맹이가 식감과 풍미를 한 번에 가져다줘요.

재 료

- **버터 100g**
- **그래뉴당 100g**
- **사워크림 50g**
- **달걀 1개(약 50g)**
- **플레인 요거트(무가당) 25cc**
- **양귀비 씨(청) 1큰술**
- **블루베리 100g**
- **A**
  - 박력분 150g
  - 베이킹파우더 3g(약 1/2작은술)
- **아이싱**
  - 가루 설탕 4큰술
  - 레몬 과즙 1/2큰술

미리 준비하기

- ▷ 버터는 실온에 두어 부드럽게 한다.
- ▷ 달걀은 실온에 두고 풀어둔다.
- ▷ A는 합쳐서 체 친다.
- ▷ 파운드 틀에 오븐 시트를 깐다.
- ▷ 오븐은 180℃로 예열한다.

만드는 방법

1. 볼에 버터, 그래뉴당, 사워크림을 넣어 전체가 잘 어우러지도록 거품기로 섞는다(ⓐ).
2. 달걀을 3번 정도로 나누어 넣어가며 섞는다(ⓑ).
3. A의 1/2 양을 넣어 대강 섞는다(ⓒ).
4. 플레인 요거트를 넣어 다시 섞는다.
5. 나머지 A와 양귀비 씨를 넣어 주걱으로 바닥부터 뒤집듯 전체를 섞는다(ⓓ). 가루가 보이지 않을 때까지 섞는다(ⓔ).
6. 반죽의 1/2 양을 틀에 담고 블루베리 2/3 양을 뿌린 후(ⓕ), 나머지 반죽을 담는다. 표면을 평평하게 하고 나머지 블루베리를 나란히 올린 후(ⓖ), 예열한 오븐에서 35~40분 굽는다.
7. 구워진 케이크를 틀에서 꺼내고 시트는 붙인 채로 망에 올려 식힌다.
8. **아이싱하기**
   가루 설탕에 레몬 과즙을 조금씩 넣고 숟가락으로 걸쭉해질 때까지 섞어 아이싱을 만든다. 시트를 벗겨낸 케이크 윗면에 아이싱을 뿌리고 굳힌다.

* 섞는 과정이 매우 번거로워 보이지만 가루기가 없어질 때까지 제대로 섞어야 하는 것은 **[5]** 뿐이에요. 그 전 과정은 약간 가루기가 남아 있어도 신경 쓰지 않아도 됩니다.

* 요거트와 사워크림의 수분만큼 박력분을 늘렸습니다.

ⓐ

거품기를 볼의 바닥에 눌러 대면서 물기가 없어져 균일한 점성이 될 때까지 섞는다. 거품기에 엉긴 반죽도 잘 떼어준다.

ⓑ

달걀을 한 번에 넣어버리면 반죽에 제대로 섞이기 힘들다. 반드시 나누어 넣으며 섞는다.

ⓒ

섞기 시작했을 때의 상태. 가루기가 남아 있어도 괜찮다.

ⓓ

반죽을 크게 제대로 섞는다.

ⓔ

다 섞었을 때의 상태. 반죽에 일체감이 생긴다.

ⓕ

블루베리가 틀의 측면에 닿지 않도록 주의한다. 서로 포개지지 않도록 골고루 놓는다.

ⓖ

반죽의 위에는 나란히 올리는 것이 귀엽다.

당근 케이크

2 당근 케이크

푸드프로세서로 간단하게 만들 수 있는 촉촉한 식감의 케이크예요. 수분이 많기 때문에 글루텐이 잘 생기지 않아 끈적한 반죽이 될 일도 없어요. 대신 제대로 부풀게 하기 위해 베이킹파우더가 아닌 베이킹소다를 사용했어요.

재 료

- **당근 정미 150g**
- **달걀 1개(약 50g)**
- **샐러드유 40cc**
- **브라운슈거 60g**
- **호두(굵게 썬 것) 35g**
- **건포도 2큰술**
- **오렌지필(잘게 썬 것) 1과 1/2큰술**
- **A**
  - 박력분 70g
  - 아몬드 파우더(껍질 없는 것) 2큰술
  - 베이킹소다 2/3작은술
  - 시나몬 파우더 1/4작은술
- **아이싱**
  - 크림치즈 25g
  - 가루 설탕 35g

미리 준비하기

- ▷ 당근은 껍질을 벗겨 3cm 두께로 썬다.
- ▷ 달걀과 크림치즈는 실온에 둔다.
- ▷ A는 합쳐서 체 친다.
- ▷ 건포도는 뜨거운 물을 뿌려 표면을 불리고 물기를 없앤다.
- ▷ 파운드 틀에 오븐 시트를 깐다.
- ▷ 오븐은 180℃로 예열한다.

만드는 방법

1. 푸드프로세서에 당근, 달걀, 샐러드유, 브라운슈거, A를 넣어 섞는다.
2. 볼에 옮겨 호두 25g, 건포도, 오렌지 필 1큰술을 넣고 주걱으로 반죽 전체에 골고루 퍼지도록 섞는다.
3. 반죽을 틀에 담고 표면을 평평하게 한 후 예열한 오븐에서 35~40분 굽는다.
4. 구워진 케이크를 틀에서 꺼내고 시트는 붙인 채로 망에 올려 식힌다.
5. **아이싱하기**
   볼에 크림치즈를 넣고 가루 설탕을 3번으로 나누어 넣어가며 거품기로 섞어 아이싱을 만든다. 시트를 벗겨낸 케이크 윗면에 코르네(104쪽 참조)로 아이싱을 짜낸다. 나머지 호두와 오렌지 필을 뿌리고 아이싱을 굳힌다.

* 푸드프로세서가 없다면 믹서를 사용해도 상관없어요.

* 둘 다 없다면 손으로 직접 만들 수 있어요. 볼에 달걀과 브라운슈거를 넣고 거품기로 잘 섞습니다. 강판으로 간 당근과 합쳐 체 친 A를 1/2 양씩 번갈아 넣어가며 골고루 섞습니다. 마지막으로 샐러드유와 [2]의 필링을 넣어 잘 섞고 나머지는 같은 방법으로 구워주세요.

3 진저 브레드

당근 케이크와 비슷한 반죽으로 이 케이크도 푸드프로세서로 한 번에 만들 수 있어요.
생강조림의 시럽으로 수제 진저에일도 만들 수 있답니다.

재료

- 달걀 1개(약 50g)
- 샐러드유 100cc
- 우유 100cc
- 흑설탕(분말) 100g
- 그래뉴당 적당량
- A
  - 밀가루 150g
  - 베이킹소다 1/3작은술
  - 시나몬 파우더 약간
- 생강 시럽 조림
  - 생강(껍질 깐 것) 70g
  - 물 3/4컵
  - 그래뉴당 30g
- 아이싱
  - 가루 설탕 4~5큰술
  - 레몬 과즙 1작은술

미리 준비하기

- 달걀은 실온에 둔다.
- **생강 시럽 조림 만들기** 생강을 두께 3mm로 얇게 썰어 작은 냄비에 넣고 물과 그래뉴당을 넣어 약불로 15분 정도 조린다. 도중에 물이 부족해지면 조금씩 물(분량 외)을 더해 계속해서 조린 후 생강을 꺼낸다. 그중 10g은 3mm 두께로 썬다
- 파운드 틀에 오븐 시트를 깐다.
- 오븐은 180℃로 예열한다.

만드는 방법

1. 푸드프로세서에 생강 시럽 조림(얇게 썬 것), 달걀, 샐러드유, 우유, 흑설탕을 넣어 생강이 걸쭉하게 떨어질 정도의 페이스트 상태가 될 때까지 휘저어 섞는다.
2. 볼에 A를 합쳐서 체 쳐 넣고 [1]을 조금씩 더하면서 거품기로 섞는다. 가루가 보이지 않을 때까지 섞는다.
3. 반죽을 틀에 담고 표면을 평평하게 한 후 예열한 오븐에서 30~35분 굽는다.
4. 구워진 케이크를 틀에서 꺼내고 시트는 붙인 채로 망에 올려 식힌다.
5. **아이싱하기**
   가루 설탕에 레몬 과즙을 조금씩 넣어 숟가락으로 걸쭉해질 때까지 섞어 아이싱을 만든다. 시트를 벗겨낸 케이크 윗면에 코르네(104쪽 참조)로 아이싱을 짜낸다. 나머지 생강 시럽 조림(각지게 썬 것)을 그래뉴당에 묻혀 위에 뿌리고 아이싱을 굳힌다.

* 푸드프로세서 대신 믹서를 사용해도 상관없어요.
* 푸드프로세서와 믹서 둘 다 없으면 손으로 직접 만들 수 있습니다. 생강 시럽 조림 60g은 물기를 없애고 잘게 썹니다. 볼에 달걀과 흑설탕을 넣어 거품기로 섞은 후 잘게 썰어둔 생강 시럽 조림을 넣어 다시 섞습니다. 볼에 합쳐서 체 친 A와 우유를 1/2 양씩 번갈아 넣어가며 잘 섞습니다. 마지막으로 샐러드유를 넣어 섞고 나머지 과정은 같은 방법으로 굽고 토핑을 올려주세요.

생강 시럽으로 만드는 진저 에일

생강 시럽 조림을 만들고 남은 시럽을 탄산수에 섞고 레몬즙을 넣으면 진저에일이 완성됩니다. 탄산수 양은 취향에 맞게 조절해주세요. 시나몬, 카더몬, 넛메그 등 좋아하는 향신료 파우더를 넣으면 더 맛있어요. 시럽 상태로 냉장실에서 1개월 정도 보존 가능합니다.

4 치즈 케이크

레몬 향이 향긋한 쁘띠 치즈 케이크입니다.
원형 케이크 틀로 굽는 것보다 파운드 틀로 굽는 것이 케이크를 나누기 쉽고 선물하기도 좋아요. 표면의 귀여운 모양은 라즈베리 소스로 만들었어요.

재료

- **크림치즈 200g**
- **사워크림 50g**
- **그래뉴당 50g**
- **옥수수 전분 1큰술**
- **레몬 껍질(간 것) 1/2개분**
- **라즈베리(냉동) 10g**
- **그래험 크래커 1과 1/5장(약 20g)**
- **A**
  - 달걀 1개(약 50g)
  - 달걀노른자 1개분
- **라즈베리 소스**
  - 라즈베리(냉동) 40g
  - 그래뉴당 1큰술

미리 준비하기

- ▷ 크림치즈는 실온에 두어 부드럽게 한다.
- ▷ A의 달걀과 달걀노른자는 실온에 두어 합쳐서 풀어둔다.
- ▷ **라즈베리 소스 만들기** 자연 해동한 라즈베리를 거름망에 넣어 숟가락 등으로 꾹 눌러 과육을 짜낸다(ⓐ). 그래뉴당을 넣어 잘 섞는다(ⓑ).
- ▷ 파운드 틀에 오븐 시트를 깔고 바닥의 모양에 맞춰 그래험 크래커를 깔아 넣는다(ⓒ).
- ▷ 오븐은 160℃로 예열한다.

만드는 방법

1. 볼에 크림치즈, 사워크림, 그래뉴당, 옥수수 전분을 넣어 거품기로 매끄러워질 때까지 섞는다(ⓓ).
2. A를 3번 정도로 나누어 넣어가며 달걀물이 보이지 않을 때까지 잘 섞고 들어 올리면 미끄러지듯 떨어져 약간 자국이 남을 정도의 상태로 만든다(ⓔ).
3. 레몬 껍질을 넣어 반죽 전체에 골고루 퍼지도록 대강 섞는다.
4. 반죽의 1/4 양을 틀에 담고 라즈베리를 뿌린다(ⓕ). 나머지 반죽을 담고 표면을 평평하게 한 후 라즈베리 소스를 물방울 모양으로 떨어뜨린다. 이쑤시개 등의 끝부분으로 라즈베리 소스의 중심을 찔러 모양을 낸다(ⓖ).
5. 판에 한 둘레 더 큰 내열용기에 넣은 틀을 놓고 깊이 1.5cm 정도의 뜨거운 물(분량 외)을 따르고(ⓗ), 예열한 오븐에서 20~25분 굽는다.
6. 다 구워지면 오븐 안에 그대로 한 시간 정도 두었다가 꺼내서 틀째로 랩을 씌워 냉장실에서 2시간 정도 식힌다.

* 버터를 사용하지 않은 만큼 식감이 가볍게 완성됩니다.
* 그래험 크래커를 구하기 어렵다면 다이제스티브 크래커를 사용해도 괜찮아요.

ⓐ

짜고 남은 찌꺼기를 한 번 더 눌러 과육을 제대로 짜낸다. 차거름망에는 씨만 남는다.

ⓑ

그래뉴당이 완전히 녹을 때까지 잘 섞는다.

ⓒ

바닥에 딱 들어맞도록 넣는다.

ⓓ

일체감이 생길 때까지 섞는다. 작은 모가 생긴 듯한 상태가 되면 좋다.

ⓔ

실처럼 늘어질 정도의 부드러운 반죽으로 만든다.

ⓕ

라즈베리가 틀의 측면에 닿지 않도록 주의한다. 서로 포개지지 않도록 골고루 놓는다.

ⓖ

힘을 빼고 쓱 이쑤시개를 끌면 하트 모양이 만들어진다.

ⓗ

촉촉하게 완성하기 위해 '중탕 굽기'를 한다.

5 스퀘어 쇼트케이크

일반적인 쇼트케이크는 18cm 원형 케이크 틀로 굽기 때문에 크기가 상당하지만, 파운드 틀로 구우면 달걀 1개로 가볍게 만들 수 있어요. 5~6cm 정사각형 3등분으로 잘라 한입 크기의 귀여운 스퀘어 쇼트케이크로 만들어보세요.

재료

- **달걀 1개(약 50g)**
- **그래뉴당 30g**
- **박력분 30g**
- **딸기 6개**
- **A**
  - 버터 5g
  - 우유 10cc
- **시럽**
  - 물 25cc
  - 그래뉴당 1큰술
  - 키르슈 1작은술
- **크림**
  - 생크림 100cc
  - 그래뉴당 10g

미리 준비하기

- 달걀은 실온에 두고 풀어둔다.
- A의 재료를 작은 볼에 넣고 중탕하여 버터를 녹인다.
- 딸기는 3개를 두께 3mm로 얇게 자르고 나머지는 장식용으로 사용한다.
- 파운드 틀에 오븐 시트를 깐다.
- 오븐은 180℃로 예열한다.

만드는 방법

1. 볼에 달걀과 그래뉴당을 넣어 중탕하면서 핸드믹서 고속으로 3분 정도 거품을 낸다(ⓐ). 반죽이 사람 체온보다 약간 높은 정도로 따듯해지면 볼을 꺼낸다. 반죽이 묵직하게 떨어지는 상태가 되면 저속으로 2분 정도 더 거품을 낸다(ⓑ).
2. 박력분을 체 쳐 넣는다. 반죽에 약간 윤기가 생길 때까지 주걱으로 25~30번 정도 바닥부터 뒤집듯 전체를 섞는다(ⓒ).
3. A를 고무 주걱에 대면서 넣고(ⓓ), 반죽에 윤기가 생길 때까지 10번 정도 더 섞는다(ⓔ).
4. 반죽을 틀에 담고 10cm 정도 높이에서 틀을 가볍게 떨어뜨려 반죽 속 공기를 뺀다(ⓕ). 예열한 오븐에서 25~30분 굽는다.
5. 케이크의 표면을 눌러 탄력이 있을 경우 잘 구워진 상태. 10cm 정도 높이에서 틀을 떨어뜨려 수축을 막는다. 틀에서 빼고 상하를 뒤집어 망에 올리고 식힌다.
6. **시럽 만들기** 내열 볼에 물과 그래뉴당을 넣어 전자레인지로 30초 정도 설탕이 녹을 때까지 가열한다. 키르슈를 넣어 대강 섞는다.
7. **크림 만들기** 볼에 생크림과 그래뉴당을 넣어 거품기로 모가 생기지 않을 정도의 점도로 거품을 낸다.
8. 케이크의 시트를 벗기고 윗면과 양 끝, 긴 변의 측면 등 갈색으로 구워진 부분을 얇게 깎아 없애고(ⓖ), 세로로 3등분, 가로로 2등분하여 자른다(ⓗ).
9. 솔로 아래 조각 3개의 윗면에 시럽 1/2 양을 바르고(ⓘ), 숟가락 등으로 크림 1/4 양을 넓게 바른 후 얇게 썬 딸기를 나란히 올린다.
10. 같은 방법으로 크림 1/4 양을 덧바르고(ⓙ), 위의 조각 3개를 올린 후 윗면에 나머지 시럽을 바른다. 나머지 크림(전체의 1/2 양)을 윗면에 가장자리에서 약간 흘러 떨어질 정도로 바른다(ⓚ).
11. 냉장실에서 30분 정도 식히고 먹을 때 장식용 딸기를 올린다.

* 키르슈는 취향에 맞는 리큐르로 대용 가능해요.
* 스펀지케이크 반죽은 [1]의 거품 내기가 포인트예요. 중탕하면서 사람 체온보다 약간 따듯한 정도까지 데우고 핸드믹서로 전체를 균일하게 거품 내주세요.

ⓐ 달걀물은 사람 체온보다 약간 따듯한 온도에 맞춘다.

ⓑ 약간 부풀어 윤기가 있는 상태가 되고 들어 올리면 날개에 엉겨 붙어 조금 늘어지는 정도의 점도로 맞춘다.

ⓒ 반죽을 크게 제대로 섞는다.

ⓓ 주걱에 대면서 A를 볼 전체에 퍼뜨린다.

ⓔ 뭉근하게 떨어져 리본 모양이 만들어질 정도의 점도로 섞는다.

ⓕ 조리대 위에서 진행한다. 아래에 행주를 깔면 틀에 흠집이 나지 않도록 방지할 수 있다.

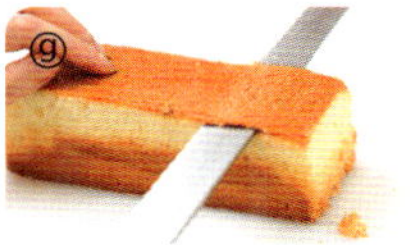
ⓖ 식감을 좋게 하고 시럽과 크림이 잘 스며들게 된다.

ⓗ 미리 자를 지점에 가볍게 칼집을 넣어둔 후에 자르면 깔끔하게 자를 수 있다.

ⓘ 반죽의 모서리 쪽은 쉽게 건조해지기 때문에 꼼꼼히 바른다.

ⓙ 한 조각의 크기가 작기 때문에 숟가락으로 작업하는 것이 편하다.

ⓚ 크림이 부드러운 편이기 때문에 흘려두면 자연스럽게 퍼진다. 바르는 도중에 크림이 퍼석퍼석해질 걱정은 없다.

퐁당 쇼콜라

6 퐁당 쇼콜라

걸쭉한 쇼콜라가 쏟아져 나오는 모습이 아찔한 반숙 케이크예요. 완전히 식히지는 말고 열기가 조금 가셨을 때 바로 드세요. 아메리카노를 함께 마시면 더욱 좋아요.

재료

- ◈ **달걀 2개(약 100g)**
- ◈ **그래뉴당 80g**
- ◈ **박력분 40g**
- ◈ **가루 설탕 적당량**
- ◈ **A**
  - 커버처 초콜릿(카카오 70%) 100g
  - 버터 100g

미리 준비하기

- ▷ 달걀은 실온에 두고 풀어둔다.
- ▷ A의 재료를 잘게 잘라 작은 볼에 함께 넣어 중탕해서 녹인 후 사람 체온 정도로 보온해 둔다(ⓐ).
- ▷ 파운드 틀에 오븐 시트를 깐다.
- ▷ 오븐은 180℃로 예열한다.

만드는 방법

1. 볼에 달걀과 그래뉴당을 넣어 거품기로 섞는다(ⓑ).
2. A를 넣어 잘 섞는다(ⓒ).
3. 박력분을 체 쳐 넣고 가루가 보이지 않을 때까지 섞는다(ⓓ).
4. [3]을 틀에 담고(ⓔ), 예열한 오븐에서 20~25분 굽는다.
5. 중앙이 약간 움푹 들어가고 가장자리가 부풀고 표면이 충분히 건조한 상태라면 완성(ⓕ). 틀째로 망에 올려 식힌다.
6. 틀에서 빼고 시트를 벗긴다. 먹을 때는 차거름망으로 가루 설탕을 듬뿍 체 쳐 뿌린다.

ⓐ

반죽에 섞어 넣을 때 식어 있을 경우 다시 중탕하여 따뜻하게 하는 것이 좋다.

ⓑ

그래뉴당이 확실히 녹을 때까지 섞는다.

ⓒ

유분이 많아서 분리되기 쉽기 때문에 잘 섞는다.

ⓓ

들어 올리면 걸쭉한 띠 상태로 떨어져 자국이 남을 정도로 섞는다.

ⓔ

반죽이 부드럽기 때문에 굽기 전에 표면을 평평하게 할 필요는 없다.

ⓕ

갈라진 곳에 이쑤시개 등을 찔러 넣으면 액체 상태의 반죽이 묻어 나오는 상태. 반면에 케이크의 표면은 충분히 건조한 상태여야 한다.

* 커버처 초콜릿은 발로나 사의 '과나하'를 사용했습니다.
* 냉장보존도 가능하지만 먹을 때는 실온에 두었다가 먹는 편이 맛있어요.
* 굽기 전에 반죽을 냉동 보존해도 됩니다. 틀에 담아 랩을 씌우고 그대로 냉동실에 넣으세요. 10일 정도는 보존 가능하며 꺼내서 구울 때는 5분 정도 더 구워주세요.

호박 푸딩

7 호박 푸딩

매끄러운 식감의 진한 푸딩이에요.
캐러멜과 그래험 크래커를 사용해서 만들어진 식감의 차이는 푸딩의 맛을 더욱 끌어올려 줘요.

재료

- 생크림 150cc
- 우유 150cc
- 시나몬 파우더 약간
- 바닐라빈 1/4개
- 달걀 2개
- 그래험 크래커 2장(약 30g)
- 캐러멜
  - 물 1작은술
  - 그래뉴당 4큰술
- 호박 퓨레
  - 호박(껍질 깐 것) 200g
  - 그래뉴당 50g

미리 준비하기

▷ 식칼로 바닐라빈을 세로로 잘라 안의 씨를 빼낸다.

▷ **호박 퓨레 만들기** 호박의 껍질과 씨를 제거하고 랩으로 감싸 전자레인지로 3~5분 가열하여 부드럽게 한다. 볼에 옮긴 후 그래뉴당을 넣어 거품기로 뭉개면서 매끄러워질 때까지 잘 섞어 퓨레 상태로 만든다.

▷ 달걀은 실온에 두고 풀어둔다.

▷ 오븐은 160℃로 예열한다.

만드는 방법

1. **캐러멜 만들기**
작은 냄비에 물과 그래뉴당을 넣어 중불로 젓지 않고 끓인다. 가장자리가 옅은 갈색이 되면(ⓐ), 주걱으로 가볍게 섞는다. 전체가 균일하게 짙은 갈색이 되면(ⓑ), 틀에 담는다.
2. 볼에 생크림, 우유, 시나몬 파우더, 바닐라빈과 씨를 넣어 중불로 끓인다. 부글부글 끓어오르면 불을 끄고 바닐라빈은 빼낸다.
3. 다른 볼에 호박 퓨레와 달걀을 넣어 거품기로 섞는다.
4. [3]에 [2]를 넣어 거품기로 섞는다.
5. 반죽을 틀에 담고 그래험 크래커를 틀의 모양에 맞춰 올린다.
6. 판에 한 둘레 더 큰 내열 용기에 넣은 틀을 올리고 깊이 1.5cm 정도의 뜨거운 물(분량 외) 따르고(133쪽 ⓗ참조), 예열한 오븐에서 30~40분 굽는다.
7. 표면을 눌러 탄력이 있을 경우 잘 구워진 상태. 틀째로 망에 올려 열기를 없애고 랩을 씌워 냉장실에서 2시간 이상 식힌다.

ⓐ

여기까지는 젓지 말고 계속 끓인다.

ⓑ

이 정도의 농도로 맞춘다.

＊푸드프로세서를 사용하면 호박 퓨레를 보다 더 매끄러운 식감으로 만들 수 있어요.

파운드 틀 하나로 완성하는 다양한 케이크 52
촉촉한 파운드케이크 레시피

1판 1쇄 펴냄 2017년 10월 27일

지 은 이 와카야마 요코
옮 낸 이 송유선
펴 낸 이 정현순
편 집 고수인
디 자 인 이용희

펴 낸 곳 ㈜북핀
등 록 제2016-000041호(2016. 6. 3)
주 소 서울시 광진구 천호대로 572, 5층 505호
전 화 070-4242-0525 / 팩스 02-6969-9737

ISBN 979-11-87616-27-6 13590
값 13,000원

파본이나 잘못 만들어진 책은 구입하신 곳에서 바꾸어 드립니다.